U0187773

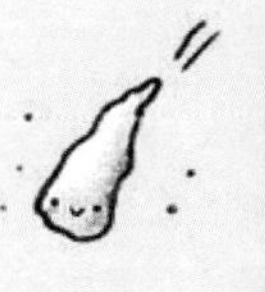

不太坏的“坏”动物

[英] 索菲·科里根　著绘
朱雯霏　译

GUANGXI NORMAL UNIVERSITY PRESS
广西师范大学出版社
·桂林·

BUTAIHUAI DE HUAIDONGWU

出版统筹：汤文辉	美术编辑：卜翠红
品牌总监：耿　磊	专家审定：陈　睿
选题策划：耿　磊	版权联络：郭晓晨 张立飞
责任编辑：戚　浩	营销编辑：钟小文
助理编辑：王丽杰	责任技编：王增元

First published in 2020 by Frances Lincoln Children's Books, an imprint of The Quarto Group.

A catalogue record for this book is available from the British Library.
The Illustrations were created digitally
Set in DK Crayon Crumble and Letters for Learners
Published by Katie Cotton and Georgia Amson-Bradshaw
Designed by Andrew Watson
Edited by Claire Grace
Consultant Barbara Taylor
Production by Nicolas Zeifman

著作权合同登记号桂图登字：20-2020-143 号

图书在版编目（CIP）数据

不太坏的“坏”动物 /（英）索菲·科里根著绘；朱雯霏译. —桂林：广西师范大学出版社，2021.1
书名原文: The Not Bad Animals
ISBN 978-7-5598-3369-3

Ⅰ. ①不… Ⅱ. ①索… ②朱… Ⅲ. ①动物－青少年读物 Ⅳ. ①Q95-49

中国版本图书馆 CIP 数据核字（2020）第 221489 号

广西师范大学出版社出版发行
（广西桂林市五里店路 9 号　邮政编码：541004
网址：http://www.bbtpress.com）
出版人：黄轩庄
全国新华书店经销
北京利丰雅高长城印刷有限公司印刷
（北京市通州区光机电一体化产业基地政府路 2 号　邮政编码：101111）
开本：787 mm × 1 092 mm　1/16
印张：10.5　　字数：110 千字
2021 年 1 月第 1 版　　2021 年 1 月第 1 次印刷
定价：118.00 元

这本书属于

目　录

我不代表厄运

我很聪明

我不笨

捍卫胡蜂的权利

黄鼠狼
无罪
我不长癞子

人类，听着！

你们总在背后对我们动物议论纷纷，我们都听见了！我们还知道，你们给我们冠上了坏名声！说我们可怕、丑陋、怪异、讨厌、恶心、粗鲁……但这统统不是真的，我们被误解了！

你知道蜘蛛拥有超能力吗？腿上的小短毛使它们贴附在墙上。而且，以它们的体重来说，蜘蛛丝的强度是钢的5倍。

你知道飞蛾能帮花朵授粉吗？一簇簇美丽的鲜花在它们的帮助下结出果实。

我打赌你一定不知道，有些鸽子还是战斗英雄呢！它们有着极为敏锐的方向感，在第一次和第二次世界大战中帮人们传送了许多信件！

你瞧，我们这些“坏家伙”一点儿也不坏。我们是被冤枉的！

我是蜘蛛
嘿！
我最喜欢钻进你的
头发里做窝。
啊——真舒服！
我到处乱爬，
叫你头皮发麻。
我的腹部能吐丝，
故意在你路过的
地方结网。

夜深人静的时候，我会爬到你的脸上，有时你还会把我吞下去，事实上，你每年要吞掉大约8只蜘蛛！
能带我一起玩儿吗？
在你周围不到1米远的地方就有我的蜘蛛同伴。
是的，我们无处不在。
没错，我就是故意的。
总的来说，我很吓人。不好意思，我要去织网了。

全是胡说八道！

你害怕我，但我更害怕你（这很好理解——我可不想被你压扁）。

你不会把我吞下去的。只有傻蜘蛛才会离你的嘴那么近，再说，那也太**怪**了。

我为什么要钻进你的头发里？我需要自由地伸展我的蜘蛛腿好吗！

只有半数的蜘蛛会结网，而且我们真的，真的不想缠住你！

我们结网只是为了捉点儿虫子吃。万一网被你扯破了，我们就得**再织**一次。

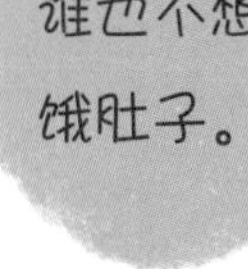

谁也不想饿肚子。

看我有多酷！

真相：

我是有点儿毛茸茸的，
但是别以貌取人好吗……

* 世界上有4万多种蜘蛛，几乎所有的蜘蛛都有8条腿、8只眼睛，多到不可思议！

* 蜘蛛不是昆虫，而是一种蛛形纲动物，也就是说，它与蝎子、蜱虫和螨虫是亲戚。

* 蜘蛛腿上的小短毛使它们能够在墙上和玻璃上爬行——简直就是超能力！

* 蜘蛛对环境太友好了。它们吃害虫，还会吃掉自己的网循环利用。另外，蜘蛛还是鸟类、青蛙、蜥蜴，甚至另外一种蜘蛛的重要食物来源。

我有好几条腿，
这样我就能调皮
可爱地爬来爬去了！

其实我真的很可爱。
看看我心爱的
小爪子吧。

啊呜！
无处不在？
不，我忙着捉虫子呢，
没时间跟着你
到处闲逛。

结网比吓唬人**酷**多了。
我们用蜘蛛丝来结网，这种
丝超级**坚韧**。你知道吗？
相对于我们的重量来说，
蜘蛛丝比钢还要坚固5倍。

我是黑猫

我总是与邪恶的女巫为伴。
我有9条命……试试吧！
我整天坐着无所事事，静静地盯着你的一举一动。
我总是鬼鬼祟祟地出没在垃圾桶那样臭烘烘的地方，还有，我浑身都是跳蚤！
TUNA

我会无缘无故地冲
你嘶嘶地叫，还会
朝你吐口水！

嘶——

嘶——

我见什么
挠什么……

尤其是你最珍爱
的东西。

如果你在路上遇到我，
那就认倒霉吧。
我就是这么坏。

我？吓人？你是在开玩笑吧！

真相：

* 你知道吗？猫的耳朵能扭转180度，它们的听力超过人的2倍以上。

* 猫身手敏捷，它们个个是抓捕能手。它们能跳得很高很远。

* 喵喵喵？很显然，长大的猫喵喵叫只是为了和人沟通，它们很少对同类喵喵叫。

* 猫喜欢打盹儿——谁不喜欢呢？据说，家猫每天70%的时间在睡觉，15%的时间给自己梳毛。

我害怕时就会嘶嘶地叫。不过，更多的时候我为了获得一点儿关注会喵喵叫。

我保证，我不是故意挑你最心爱的东西挠。我爪子上的指甲长得很快，我得时刻让它们保持最佳状态。

为什么不给我一块猫抓板呢？这样我就不会挠你的家具了。

毛线球最棒！

我们一起玩耍时，我可能会不小心抓到你。对不起！我只是太兴奋了。

是的，我有爪子，
但我也有软乎乎的
肉垫啊！
其实，我不是
真的有9条命，
只是我机警敏捷，
就算陷入困境，
也能成功脱险。
给我一只玩具老鼠
我就会喜欢你。
女巫坏透了，
不过很酷！

我是吸血蝙蝠
我的秘密都在名字里。
我出没在阴森恐怖的夜晚，
即使在黑漆漆的夜里也能看到你。
吱吱吱吱吱吱吱吱吱吱！
我们蝙蝠用尖叫交流！
那是多么动听的声音！
我最爱干的事就是
趁你睡着的时候，
钻进你头发里做窝。

我喜欢倒挂……样子
越吓人越好！
不过，最恐怖的一点儿
是我会吸血！
德古拉是我的铁哥们儿，
我就是恐怖的象征。
接受现实吧。

太可笑了！
我有可爱的
大耳朵！
你根本不用怕——我差
不多只有茶杯那么大。
如果钻进你的头发里，
我就不能拍打自己那
引以为傲的小翅膀了，
我讨厌那样。
我永远不会撞到你——
我可是导航小能手！
好吧，是的，我的确靠吸血过活，
但我通常吸奶牛、猪这类哺乳动物
或鸟类的血，没什么大不了的。
一般来说，我几乎感觉不到。

我依靠回声定位来导航。我会发出超声波，它们碰到物体会反弹回我的耳朵——是不是很酷？

不要一听名字就对我产生偏见！为什么不试试我的拉丁学名，叫我“Desmodus rotundus”呢？或者再简单点儿，叫我“德斯蒙德”也行呀。

我翅膀上有只小手，多可爱！

我毛茸茸的，像一只夜空中的小狗。

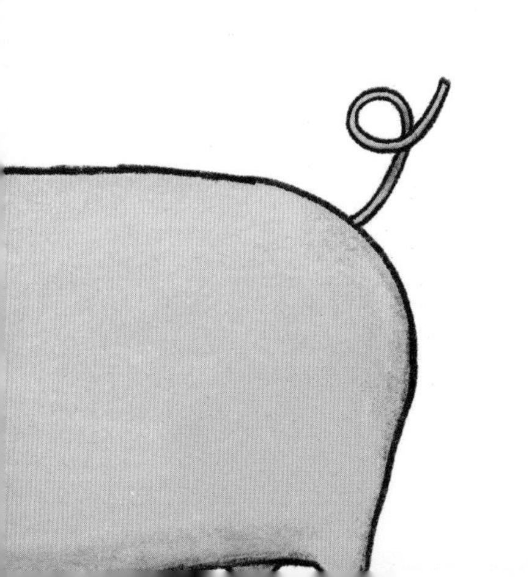

真相：

* 吸血蝙蝠的鼻子上有个热感受器，能帮助它们发现温血动物。

* 它们的唾液中含有“抗凝血剂”，能在它们吸血时减缓血液凝固。不过别担心，它们一般伤害不到动物们——它们只要填饱饥肠辘辘的肚子就够了。

* 吸血蝙蝠一点儿也不像德古拉伯爵，它们过着群居生活，团结互助。它们的一个“族群”拥有很多成员，共同居住在幽暗却温暖舒适的洞穴里。

我们是鲨鱼

我们是沉默的行动者。当我们潜伏在水下向你逼近时，你根本察觉不到……等到你发现时已经太晚了！
我是大白鲨。别招惹我，我可是个大麻烦！我太致命了，人们甚至拍了好几部关于我的恐怖电影。嗬！

我是长相怪异的妖精鲨（哥布林鲨）。
是的，你没听错——妖精。
光听名字就能把人吓个半死。

我们喜欢一口
吞掉你的船！

呀！
我是锤头鲨。当心点儿，
否则我可要用脑袋敲打你了。

我们在水下
成群结队！

我们最爱干的事莫过于潜伏
在浑水里，找个人来吃吃。

我们是深海中最
恐怖的生物。

太荒谬了！

我们大白鲨是最棒的！我们是海洋食物链中的终极捕食者，有助于维持生态平衡——有健康的海洋才有健康的地球。

是的，是有一种妖精鲨。
但也有天使鲨（扁鲨）呀！

我的鼻尖上还有许多小孔，它们会帮助我找到晚餐。

它们能接收到猎物发出的电流。

我是一只水生小可爱。
毫无疑问，我是了不起的海洋动物之一！

我觉得你长得很美！

你被闪电击中或死于烤面包机的概率还更大些！

真相：

* 鲨鱼非常古老，它们已经在地球上生存了4亿多年！比人类的历史要长很多很多！

* 鲨鱼的皮肤厚得惊人。厚厚的皮肤非常保暖，还能保护鲨鱼超强壮的肌肉。（所以鲨鱼是厚脸皮。）

* 大白鲨处在食物链顶端，除了极少数情况下的虎鲸外，人类以外的任何一种生物都无法威胁到它们。

我的鳍尖尖的。
多酷啊！

鲸鲨性情温和，
根本不必害怕它们。

对了，它们身上
布满了小圆点！

我是鬣狗

我是一只长满斑点的鬣狗，
我是可怕肮脏的食腐动物。
我随时准备偷走别人的猎物！

我卑鄙狡猾，
臭气熏天……
我就喜欢这样！

我的皮毛总是脏兮兮的，
苍蝇整天围着我打转，
我才不在乎呢。

我有个圆鼓鼓的大
肚子，里面装满了
偷来的美食！

我经常被自己的
冷笑话逗得
狂笑不止。
哈哈哈，太好笑了！
嘻嘻嘻……哈！嘻嘻嘻……
吼吼！咯咯咯！哈哈哈！
还有啊，我非常
非常愚蠢。
我太懒了，不想
自己动手抓猎物，
所以我偷走了
狮子的晚餐。

哈！别逗了！

看到我的莫西干
发型了吗？帅呆了。
其实，我很聪明的，
不亚于黑猩猩，真的！
我也是个小可爱，
你同意吗？
看看我毛茸茸的
大耳朵吧！
我知道看起来像是那么
回事，但我并不是真的
被冷笑话逗得大笑。
老实说，我根本不是在笑。
当我感到沮丧、
兴奋或者害怕的
时候，就会发出那
种咯咯的声音。
我压根儿不懒。
大约50%的猎物
是我亲自抓的。

我是一种非常有趣的动物！

真相：

* 世界上有4种鬣狗，但斑鬣狗是最常见的，主要分布在非洲撒哈拉沙漠以南地区。

* 斑鬣狗是一种高度社会化的动物，它们生活在庞大的族群里，有的族群甚至有近百个成员。

* 斑鬣狗的族群由一只强壮的雌性领导。

* 斑鬣狗能用丰富的叫声与同类沟通，它们会喊叫、低吼，还会发出咯咯的声音，听上去就像是在发笑！

不瞒你说，狮子还从我这儿抢东西吃呢！

我是臭鼬
我的臭味你难以想象……
比臭鸡蛋、臭牛奶，
甚至你弟弟的尿布还臭。
我不觉得有什么可抱歉的！
只要被我喷一下，
保证你会臭一辈子！
我的尾巴超级蓬松，
你记得试试呀。
用臭烘烘的屁股毁掉植物的
清香是我的使命。

我要把这地方
熏臭！
我最爱干的事就是朝人身上喷臭液。你问从哪儿喷出来？当然是从我的屁股！
噗！
我喜欢在花园里用
大爪子刨土。

饶了我吧！

是的，没错，我的屁股
未必有玫瑰那么香——但
我敢说你的也没有。

抱歉，我一不小心
把家安在了你的隔壁！
我只想管好自己的事。
相信我，我情愿
离你远点儿。

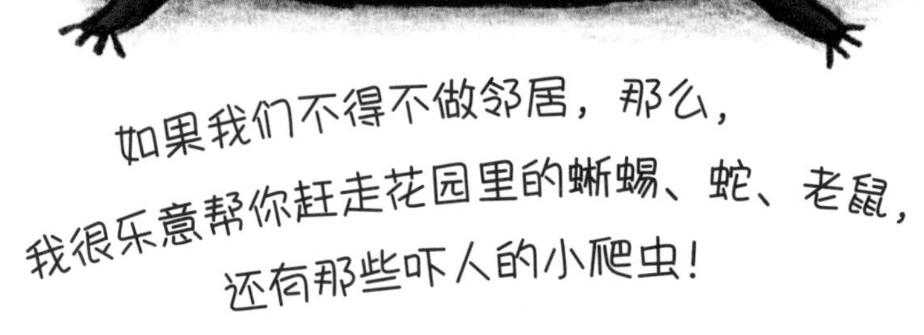

如果我们不得不做邻居，那么，
我很乐意帮你赶走花园里的蜥蜴、蛇、老鼠，
还有那些吓人的小爬虫！

我的气味是可以清除的，不过你最好不要让我受到惊吓，我只有在受到威胁时才喷臭液。

真相：

* 臭鼬的视力很差，但它们出色的嗅觉和听力弥补了这一点儿。

* 臭鼬是杂食动物，它们既吃植物也吃动物。它们喜欢吃水果、昆虫、蠕虫、青蛙等，有时甚至比猫还会抓老鼠！

* 臭鼬几乎没有攻击性，喷出恶臭的液体是它们抵御危险的唯一办法。

* 臭鼬一般在地洞里筑巢，偶尔也会选择在房子的门廊下（那样就有麻烦了）。

你不得不承认，我长得很帅气。我身上有时髦的条纹，那是在提醒你离我远点儿。

我们喷臭液之前总会提醒你。我们就是这么和气！

喷臭液之前我会跺脚，斑臭鼬甚至会做一个可爱的倒立！而且，老实说，你也不是那么好闻。

我是秃鹫

我是个讨厌的麻烦精！
人人都怕看到我……
因为我是催命鬼！
我是个秃子，
还丑得吓人。
我的羽毛脏兮兮、乱糟糟，
我还驼背，一看就是个
恶棍。

我们总是从天上俯瞰，寻找奄奄一息的可口猎物，然后俯冲下来，狼吞虎咽地吃个精光！
我生活在无比干燥的沙漠里，那里寸草不生，没有动物能存活下来。
我什么都吃——不信你试试。我会啄光骨头上剩下的每一根肉丝！真好吃！
还有，我很贪婪。我讨厌和同类分享食物——自己找吃的去！

真可笑！

我们可是被称为“大自然的清道夫”！我几乎从没猎杀过任何动物——我所做的只是回收残余物而已。我认为回收是件好事——哼！

我想，有时我可以获取一点儿别的食物，但假如我不把草原清理干净，臭烘烘的尸体就会遍地都是。到那时你就该抱怨了！

真相：

* 秃鹫对生态系统至关重要。它们通过清除动物尸体，阻止疾病的传播，防止其他动物和人类感染疾病。

* 在英文中，进食中的秃鹫被称为“守灵（wake）”，一群盘旋的秃鹫被称为“壶（kettle）”。不，不是那种壶！

* 安第斯神鹰也是一种秃鹫，它们的翼展比大部分鸟类都长，这意味着它们有数不清的羽毛！

* 当一只秃鹫感到不安或恼怒时，整个脑袋的颜色会变得通红。

秃头能帮我避免细菌滋生，秃头很酷好吗！
对，我是有点儿脏，但“美”这件事仁者见仁。要我说，我长得美极了。看到我漂亮的大眼睛了吗？
我关爱环境，杜绝浪费。这有错吗？

我是大鼠

我见什么咬什么，
你可要**当心**啊！

我能从很小的洞里钻进钻出，
即使我走到你身边，
你甚至也听不到任何响动。
你根本防不了我。

我们不管去哪儿都是成
群结队的。如果你看到
一只大鼠，那么你准能
在附近看到它的同伴。

我的皮毛臭烘烘，
我的脸丑兮兮，
我的脾气非常坏。

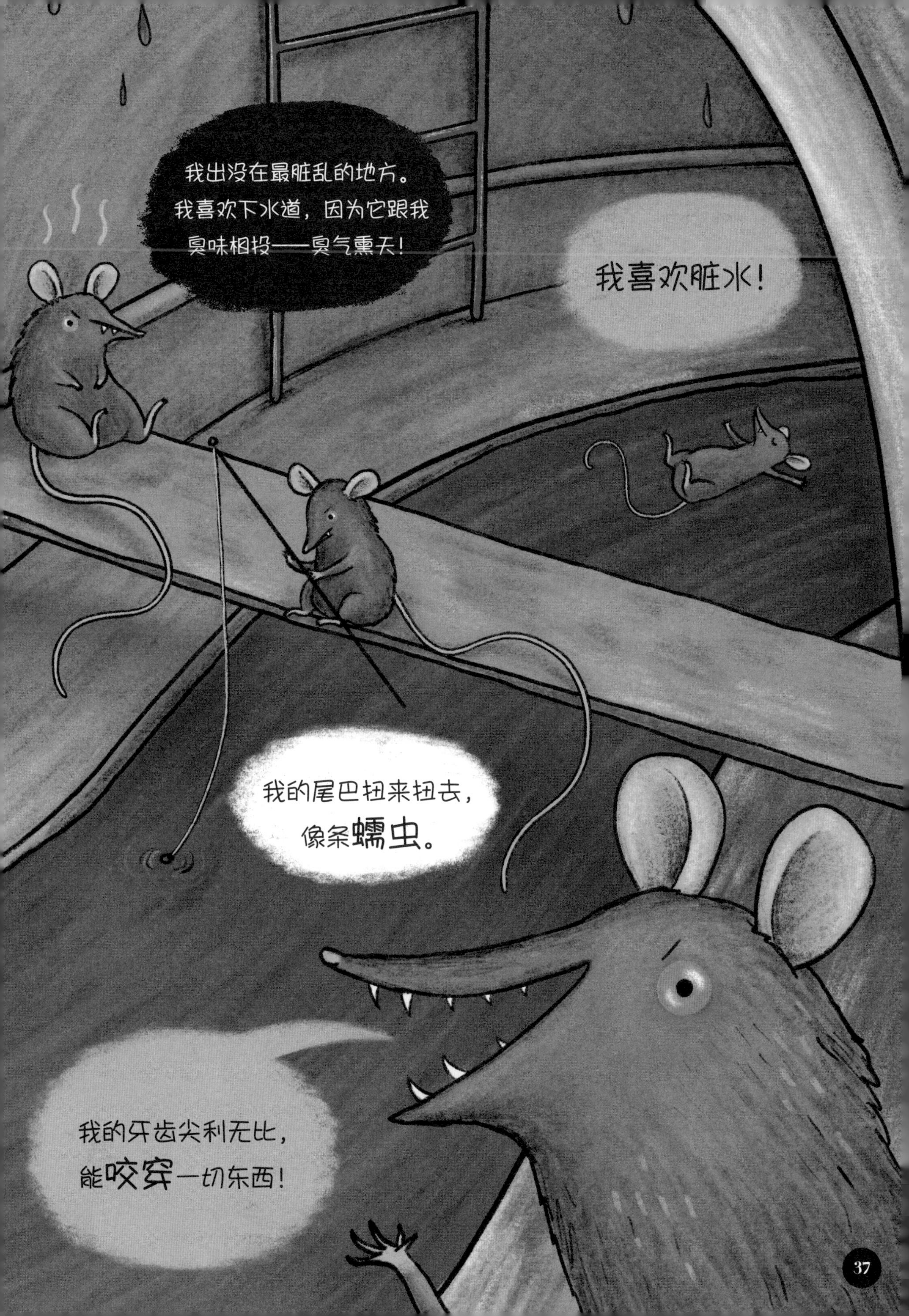
我出没在最脏乱的地方。
我喜欢下水道，因为它跟我臭味相投——臭气熏天！
我喜欢脏水！
我的尾巴扭来扭去，像条蠕虫。
我的牙齿尖利无比，能咬穿一切东西！

荒唐透顶！
我有漂亮的粉红色耳朵，黑醋栗般的眼睛，怎么能说我丑？
我是个毛茸茸的小可爱！
我喜欢待在下水道里是因为我害羞，而且那里让我有安全感。我哪里都能去，我会给自己造一个舒服的窝，缩在里面。有时我甚至到树上安家。

真相：

* 大鼠拥有超强的记忆力，科学家发现，它们能记住见过的人脸。

* 有人把大鼠当宠物养。大鼠是高智商动物，能迅速学会玩把戏，它们还喜欢玩玩具！

* 大鼠喜欢群居，它们与同类交流的声音人是听不到的。它们还会发出“吱吱吱”的叫声，听上去就像是有人在笑！

* 有些野生的大鼠会携带病菌，最好离它们远点儿。

我可背不起坏名声。其实我非常爱干净。我每天都会一遍一遍地梳理自己的毛发！比你冲澡的次数还多。谁更臭还说不定呢！

我并不是生性暴躁，也没有咬人的爱好。但是同大多数动物一样，当我受到威胁时也会自卫。

我的确喜欢这里咬一咬，那里啃一啃——但那只是因为我的牙齿在不停地生长！我的牙一年之内能长12厘米。我只能想办法让它们保持最佳的状态，我可找不到给大鼠看病的牙医！

我是胡蜂
我是个名副其实的讨厌鬼。
看到我的屁股了吗？你居然没看到？我的屁股上有一根粗壮的刺！
我像一团亮黄色的烟雾飞来飞去，发出烦人的嗡嗡声。嗡嗡嗡，嗡嗡嗡！

我有点儿像蜜蜂，不同的是，我永远是一副怒气冲冲的样子。还有，我不会为你酿蜜，我只会让你哭。
我就爱来烦你！
如果我蜇你一下，我的兄弟们也会来蜇你！
!
我最爱干的事就是追着你蜇蜇蜇。尤其是当你手里拿着甜食的时候。真香！
不像蜜蜂，我的刺没有倒钩，我想蜇几次就蜇几次。现在让我们看看你能跑多快吧。

这不公平！

我明明是一种有益的小动物。

我也许有一些缺点，但我能吃掉大量的害虫。要不是我，会有好多好多的害虫危害我们的植物。
我不是真的在追你，我只是想尝尝你的冰激凌！我酷爱甜食。能让我尝尝吗？求你了！
我身上的条纹是在善意地提醒你：离我远点儿。
没错，我不酿蜜，但我给植物授粉，那样就能开出更多漂亮的花！

我不会以蜇人取乐。只有感到**威胁**时我才蜇人，我根本不想伤害他们。

我的近亲蜜蜂很受人尊敬，而我只是吃肉的胡蜂呀。

嘿，兄弟！

谢谢你吃掉那些讨厌的蚜虫，胡蜂，我们爱你！

你不知道我对人类多么有益。

真相：

* 胡蜂能消灭吃玉米的害虫，使玉米健康生长。假如没有胡蜂，农民就要使用大量极为有害的杀虫剂来代替它们。

* 胡蜂的针能释放毒液，其中含有一种信息素，能使其他胡蜂变得更有攻击性，也想来蜇。千万不要驱赶胡蜂，因为它们时刻准备反击。

* 雄性的胡蜂叫作“雄蜂”。事实上，只有雌蜂才能蜇人。哎哟！

* 胡蜂几乎不会主动攻击人，除非你招惹它们。没事尽可能离它们远点儿，因为有时你仅仅只是挡了它们的路，也可能会激怒它们。

我是蛇

我的舌头十分怪异，舌尖是分叉的。这样更好吓唬你。嘶嘶嘶！

我滑溜溜，黏糊糊，还有毒！只要被我的大牙咬上一口，你就翘辫子了。

有时，我用黏糊糊的身体紧紧地缠住猎物，拼命地勒紧。我的肌肉这么发达，猎物是很难逃脱的！

我整天无所事事，就等着你来踩我，那样我就能一口咬住你的脚踝。我就是这么坏。

看着我的眼睛，让
我用可怕的瞳孔
将你催眠！
我是响尾蛇。我会发出
最吓人、最诡异的声音。
你要是问为什么？坦白告诉
你，就是为了吓唬你！
当心我鲜艳的颜色。
我长得越艳丽，
我的毒性就越大。
你休想躲开我，我无处不在。
在草丛里钻来钻去？在树上？
是的。还会在你家的卫生间里？
好主意，我来了！

太愚蠢了！

我的眼睛一点儿也不吓人！它们真的很漂亮，就像闪耀的宝石！有时我看起来像是在**瞪眼**，那是因为我没有**眼睑**。

我一点儿也不**黏糊**。我漂亮的鳞片干燥而光滑，摸起来凉凉的，很舒服！

我分叉的小舌头其实很可爱。我会伸出舌头**感知气味**。

嘶嘶嘶——什么东西这么香！

我才不会躲在草丛里等你来踩我。太可笑了！被人踩一脚很疼的！

有时我的确会用身体缠住猎物，以防它们逃跑。这叫“缠绕”。可我们总得吃饭吧，各位——没人忍受得了饿肚子。

真相：

* 蛇的下颌非常灵活，可以张得巨大。因此，即使碰到比自己的头还要大的猎物，它们也能一口把猎物吞下去！

* 地球上有3000多种蛇。蛇是一种非常了不起的物种，它们遍布除南极洲以外的所有大陆（南极洲实在太冷了）。

* 有些蛇会假装自己有毒。有一种牛奶蛇长得就像有剧毒的珊瑚蛇，于是，饥肠辘辘的捕食者只能对它敬而远之。

* 尽管看着不像，但蛇扭来扭去的身体里是有骨骼的。它们有一根长长的、柔韧的脊柱，有些蛇的椎骨甚至多达400块。

并非所有的蛇都有毒。事实上，全世界只有约20%的蛇具有毒器。

响尾蛇摇动尾巴上的响环是在提醒你走开。它们想得很周到，真的。

哈，我不会催眠术。那只是个愚蠢的神话。

我只有感到**威胁**时才咬人。所以，让我们和平相处，好吗？

我是狼

我是大野狼，我是大坏狼，
我要来抓你咯！

月圆之夜，我会
冲月亮嚎叫，
我就爱这样欺负它。

我们结伴四处游荡，
我们喜欢一起吓唬绵羊。
嗷！

我会扮成你的外婆……
然后把你吃掉！

我住在阴森恐怖的洞穴里，誓死捍卫我的领地。
啊，求你别这样！你吓到我了。
我就喜欢鬼鬼祟祟地躲在树林里。
咩！
禁止通行
只许狼进入
我可不是乖狗狗。我有不可思议的锯齿般的大尖牙，还有一张血盆大口！

放过我吧！

不是我自吹自擂，我可是**地球**上最美的动物之一。

来个特写吧！

嗷——有人说狼嚎很美妙！

真相：

* 狼的嚎叫声在人听来也许很恐怖，但事实上，它们只是在与同伴交流。

* 它们能在一天之内行进48千米，奔跑时速可达56千米！要是它们穿着你的运动鞋奔跑，你的运动鞋很快就会被穿烂。

* 狼非常重视家庭，它们是群居动物，通常10只左右为一群，大的狼群拥有狼的数量可达30只。

* 所有宠物狗都是狼的近亲，只是它们很早以前被人类驯化了。

假如没有我，就不会有什么“人类最好的朋友”！家养犬类最初是从野生的狼驯养来的。（尽管当你看到一只吉娃娃，很难相信这一点。）

看看我毛茸茸的样子，还有
我这双炯炯有神的眼睛！
关于那个外婆的故事
全是误会。
你就像我家小
狗的曾曾曾曾
曾外婆。
我把你的鞋穿
坏了，抱歉。
我一点儿也不可怕！
你只是不了解我。

我是蚂蚁
你带了什么？甜甜的东西？我来了！
我也冲你来了！
我会钻进你的裤子里，
在你没防备的时候……
咬你的屁股！
这块三明治看起来不错，
是个产卵的好地方。

我要在你的野餐食物上
窸窸窣窣地爬个遍，
把好吃的小碎屑统统搬走。
哇，
樱桃！
希望你不要介
意，我邀请了所
有的伙伴——数量
可真不少呢。
我们伟大的蚁后一定会喜欢
这块美味的面包屑！

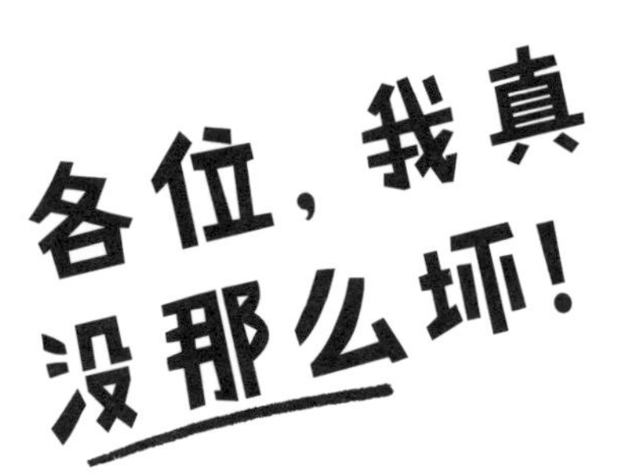
各位，我真
没那么坏！

我很小，
但我很强大！

事实上，我对环境很有益。
我和我的伙伴们能消灭大量的食物残渣，
使我们的地球保持洁净！

老实说，你的裤子真没那么吸引我。
如果我真的钻进去了，那八成是个
事故，很可能是你坐在我的蚁巢上了。
所以，应该怪谁呢？

我打算住在这儿！
小心点儿，别一
屁股坐下来。

向我们仁慈的女王陛下致敬！

我们蚂蚁中只有蚁后能产卵，而且绝不会产在你的三明治里。

我们真的值得你了解一下！

是的，我非常喜欢甜食。但我不觉得这样我就是坏蚂蚁。我打赌你也喜欢吃甜的！能给我留一粒糖吗？

优秀的团队！

我们的团队合作太棒了！

真相：

* 蚂蚁是群居动物，生活在蚁群中。它们共同寻找食物，然后带回食物供养蚁后和幼蚁。

* 有些昆虫只能存活几个小时。在蚂蚁的社会中，蚁后有特殊的地位和待遇，它的寿命可长达10年以上。

* 蚂蚁利用一种有气味的化学物质与同伴沟通，这种物质被称为“信息素”。这些气味会告诉蚂蚁哪里有美味的食物，其他的蚂蚁也会循着气味跟来，这样它们就不会迷路。

* 一只蚂蚁能搬运超过自身体重50倍的东西！它们还会成对或成群地合作，把树叶和树枝搬回蚁巢。

我是小鼠
我是个鬼鬼祟祟、窸窸窣窣的捣蛋鬼！
我会在你家的踢脚线上啃个洞，当作我的家门口。你知道我住进来了，因为你会听到，我就在你家四处乱窜。
夜里，我会爬进你的橱柜，把你的食物扫荡一空。嗯……玉米片，我的最爱。
至于我那令人作呕的肉粉色尾巴，还是不提了。

我有许多爱好，比如整天吱吱吱地叫唤，大声地尖叫让你什么也听不到，还会咬断你的电线。为什么？因为我是一只坏鼠啊。
你有奶酪？忘了它吧，它现在是我的了。
这不是掉在地板上的葡萄干，这是我的便便！我走到哪儿就把我的臭屎豆豆拉到哪儿！
闲扯够了，是时候去地板上撒撒欢儿了。

咳，别胡扯了！

我是个可爱的小不点儿，我是个毛茸茸的小宝贝！

真相：

* 绝大多数小鼠都非常小！它们的身体能展平，能挤进狭窄的缝隙里——甚至是一条6毫米的缝里！

* 小鼠能像猫一样利用它们了不起的尾巴保持平衡，还能用来感受和抓取东西。此外，它们的尾巴还有助于攀爬（这是它们的拿手活儿），尾巴能长到和身体一样长。

* 小鼠的牙齿会不停地生长，它们只有不停地咬东西才能确保牙齿不会长得过长。

* 小鼠的种类有很多，每一种都有它们独有的美妙的名字，比如鹿鼠、姬鼠、花栗鼠等！

我们可能会闯进你的房子里，但那只是为了生存，我们需要一个庇护所。小鼠有许多天敌，生存对于我们来说总是不那么轻松。

我是个安静、害羞、敏感的小甜心。我们中的大多数生活在户外，住在温暖舒适的小地洞里，躲避危险。

有些小鼠甚至睡在花朵上。那大概会是你见过的最可爱的一幕！

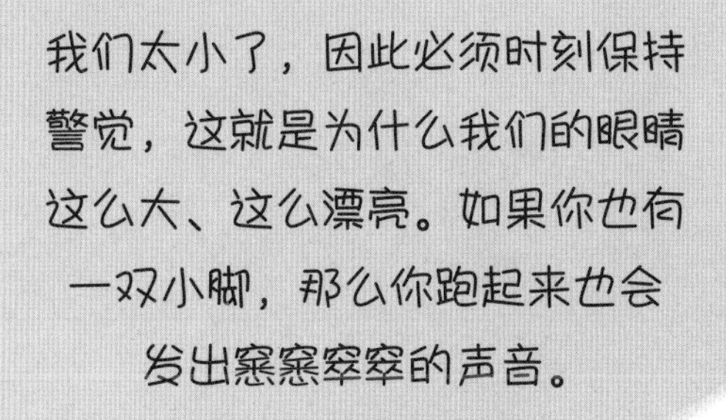
我们太小了，因此必须时刻保持警觉，这就是为什么我们的眼睛这么大、这么漂亮。如果你也有一双小脚，那么你跑起来也会发出窸窸窣窣的声音。
实际上我不怎么叫唤，再说了，我吱吱叫的样子很可爱。
至于便便嘛，我很抱歉——我就是憋不住啊！
所以拜托，如果你在家里发现了我，请把我放到户外去，然后给你的房子做好防鼠措施！要怪就怪你家太舒服了，不能怪我……我只是太喜欢你布置的房子了。

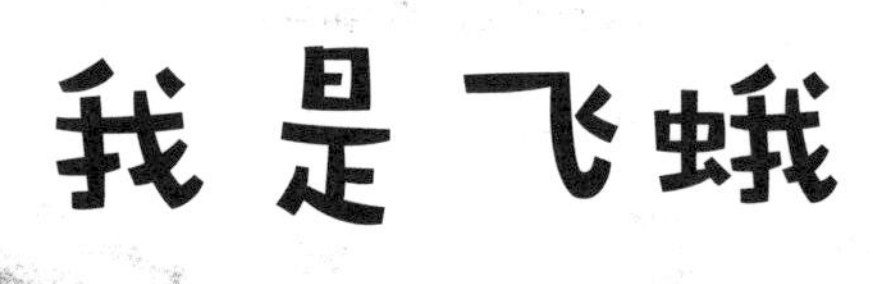
我是飞蛾

我身上的“灰尘”落得到处都是，我在你喜爱的每样东西上留下小小的虫卵，尤其是在你最心爱的衣服上。
我最爱的消遣是啃你的衣服。啊，这件T恤真好吃。
我让你头皮发麻？很好。现在我要用毛茸茸的腿抚摸你，用我怪异的眼睛盯着你。

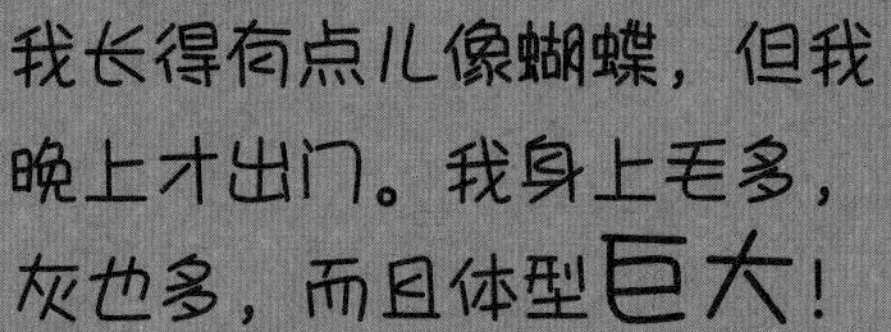

我长得有点儿像蝴蝶，但我晚上才出门。我身上毛多，灰也多，而且体型巨大！

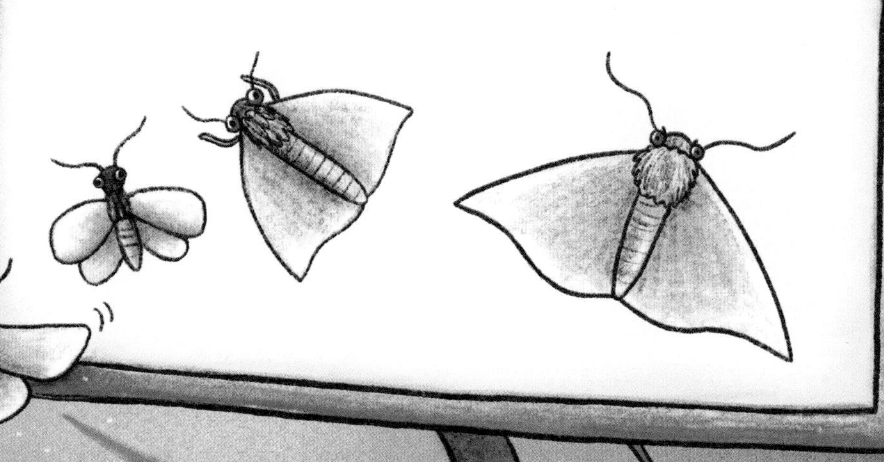

我性格阴郁，但很奇怪，
我酷爱亮光。
人们说相反的东西会相互吸引！

太美了——
我要摸一摸！

快让我瞧瞧你在上网看什么，
不然我就扑到你脸上去。

大错特错！

我和蝴蝶长得很像，但我比它们更可爱，因为我毛茸茸的！

只有衣蛾的幼虫才啃衣服，而且它们通常更喜欢臭衣服。所以，只要你的衣服是干净的，就不会被咬出洞！

我的身上并不是真的沾满灰尘。我的翅膀上有许多细小的鳞片，我愿意把它们当作仙女的**魔法粉尘**！

我们很迷人，看到了吗？

真相：

* 事实上，飞蛾是很重要的授粉昆虫。通过授粉，美丽的花才能结出果实。我们很少看到飞蛾，因为它们整晚都在忙着授粉。

* 有些飞蛾只有大头针的针头那么小，而有一些却能长到展开翅膀后有成人的头那么大！

* 飞蛾是因为有趋光性才会扑向亮光，它们利用月光导航，而人造光被它们当成了月光！

* 有些飞蛾的翅膀上长着形似眼睛的斑纹，有些则颜色艳丽。这些都是飞蛾的防御手段，以防被天敌吃掉！

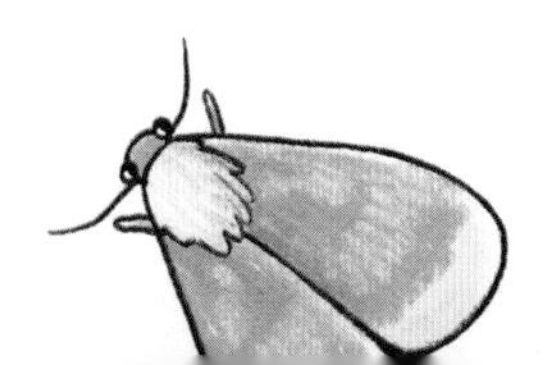

我并不是像人类所想的那样酷爱亮光。我依靠月光判断方向，但人造光把我搞糊涂了……能麻烦你关一下灯吗？我想看看我的月亮朋友在哪儿。
月亮
不是我自夸，我毛茸茸的小屁股真的很可爱！

我一点儿也不丑。
世界上约有16万种飞蛾
（蝴蝶只有约2万种），
而且我们大多色彩鲜艳，
长得很漂亮！

我是狐狸
我是个臭名远扬的骗子，
一个阴险狡猾的大坏蛋！
我身上臭烘烘的，
棕色的皮毛里全是跳蚤！

我到你的垃圾桶里找
吃的。我才不在乎把
它们翻得乱七八糟。
居然有人舍得扔掉
半块鸡腿？真香！
我只关心我自己。你可以说
我卑鄙、狡猾、奸诈。
没关系，我总能得到
我想要的。
我是这条街上最卑鄙的
捕食者。鸡笼在哪儿？
我总是尖叫。
你问为什么？没有理由，
我就是想吓唬你。

胡说！我是个奇妙的小动物。

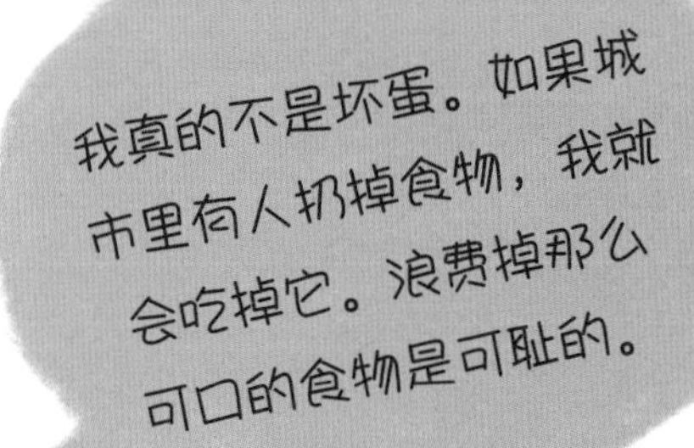

我真的不是坏蛋。如果城市里有人扔掉食物，我就会吃掉它。浪费掉那么可口的食物是可耻的。

我的棕色皮毛多漂亮！怎么会有人不喜欢呢？

我承认我很狡黠！但我的妈妈总对我说，聪明是件好事！

我能说什么呢？我太诱人了！

对不起，我把你的垃圾桶翻得乱七八糟。我不是故意惹你生气，但你真的不该浪费这么多粮食。

是的，我身上可能有跳蚤，
但我是**野生**动物啊！
那是自然的嘛。

跳蚤也想有个家！

真相：

* 雌性狐狸叫“雌狐”，雄性狐狸叫“雄狐”。它们的宝宝叫“幼畜”“幼崽儿”或“幼兽”。狐狸的族群称作“狐群”。

* 尽管狐狸和狗有亲缘关系，但狐狸更符合猫的某些特征：爪子能收起来，还有垂直瞳孔。

* 狐狸住在洞穴里，它们会用有力的爪子在地下刨一个洞。城市里的狐狸可能会在你的花园小屋里找个舒服的地方住下。

* 狐狸的听觉十分灵敏，这对野外生存很有帮助。这就是为什么它们有一对可爱的大耳朵。

抱歉，我总是尖叫，
我知道这样有点儿
烦人。但我们就是爱叫的
动物啊，我们狐狸就是
用尖叫和吼叫来彼此
交谈的——大家都爱闲聊！

我捕猎通常是为了喂我的一窝
小崽子们。把孩子喂饱
是我的本能。

我是蟾蜍

我用黏糊糊的长舌头抓住
令人作呕的苍蝇和虫子，
然后把它们一口吞下去！
我长得像青蛙，
但我又大又丑，
还有臭脾气。
嗝！
青蛙太柔弱了，而我呢，
就算没有水也能活下来。
我喜欢浑身泥巴，让自己看上
去脏兮兮的。傻瓜才游泳！
呱！

我可不是青蛙，你亲我一口，
我也绝不会变成王子让你
梦想成真。我只会亲回去，
我的吻又黏又滑，我敢打赌，
你不会喜欢的。
嘿！
我喜欢吓唬人，
女巫经常用我炖汤。
我是负子蟾，我的背上会长出小蟾蜍！
我喜欢这样吓唬人。
我就是一个蹦蹦跳跳的噩梦！

好吧，不全是这样！

了解一下真相吧！

真相：

* 蟾蜍和青蛙很相似，主要区别在于：蟾蜍的皮肤更干燥，皮肤表面有许多疙瘩。蟾蜍可以生活在离水源比较远的地方，它们没有牙齿。

* 蟾蜍通常在夜间出去捕食。在北方寒冷的冬天，它们通常会冬眠几个月。

* 蟾蜍刚出生时是小蝌蚪。一般野生的成年蟾蜍能活10年。

* 不管童话里是怎么说的，事实上，青蛙不会变成王子。你最好别去亲吻任何一只两栖动物！

我是个胖乎乎的小可爱！

我不总是那么脾气暴躁，我只是长了一副**生气**的样子，但我也没办法，我就长这样！而且，有人说我很可爱。看看我水灵灵的大眼睛吧！

嘿，你好！

谢谢你背我，妈妈，你是**最好**的妈妈！

负子蟾把孩子藏在自己背部的皮肤下面，这或许有些奇怪，但你不能否认，它们真是细心的母亲！

我真的不喜欢女巫。她们所有的食谱里都有蟾蜍，她们会把我扔进一口大锅。离我远点儿，谢谢！

我不是很喜欢游泳，但我的确需要水。我喜欢湿润的皮肤，不喜欢干巴巴的。

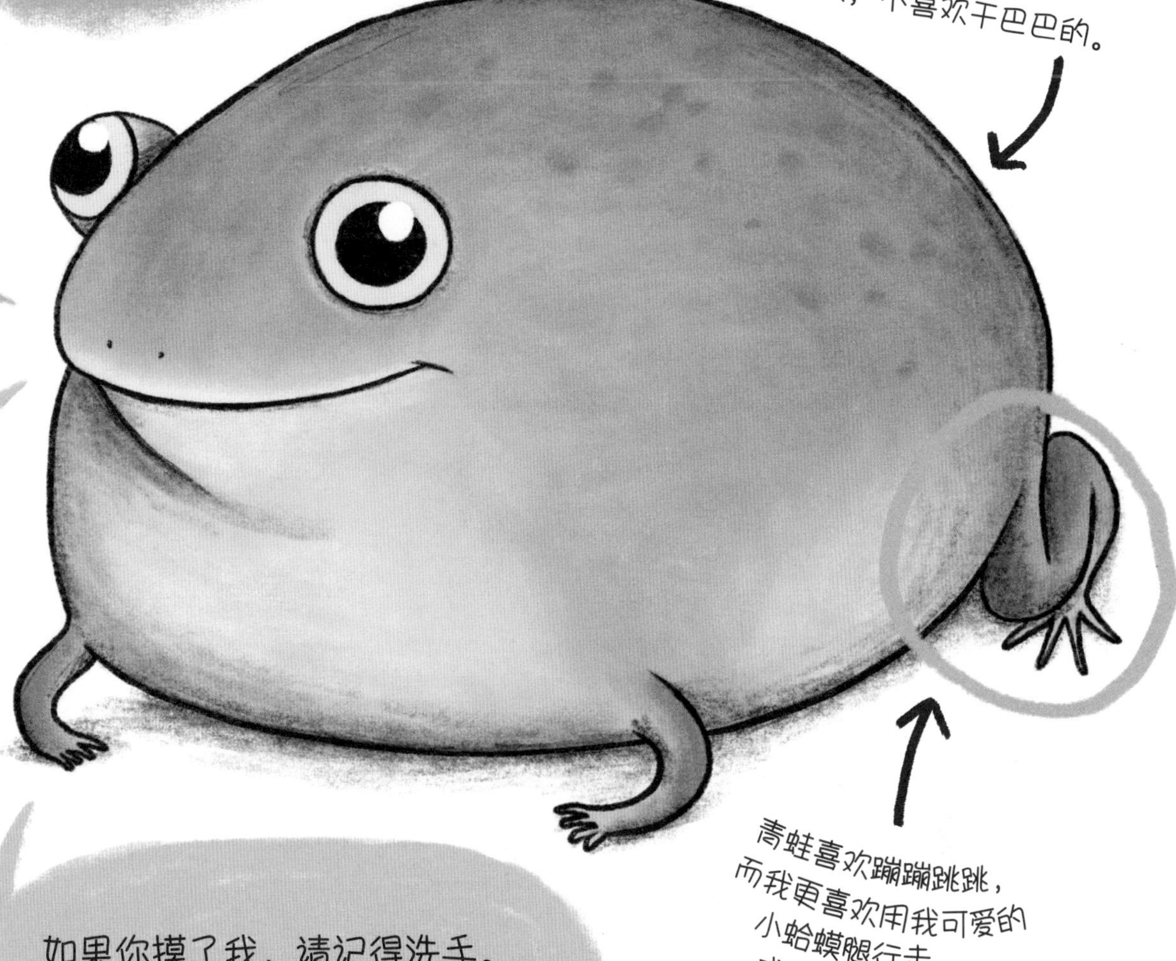

青蛙喜欢蹦蹦跳跳，
而我更喜欢用我可爱的
小蛤蟆腿行走，
或者轻轻一蹦。

如果你摸了我，请记得洗手。我的皮肤上有毒腺，它们可以保护我不被天敌吃掉。但我的**毒性**对人不是很危险，除非你吃我——所以别那样做！

我的确用舌头捕食，可那又怎样？说不定你才是那个奇怪的家伙，竟然要用餐具！再说，我这样吃饭还不用洗碗呢。现在应该是谁嘲笑谁呢？

我是公牛

我体型庞大，比流浪汉还臭，
总是气哼哼的！对了，
我还会不停地放屁！

如果看到你闯进了我的领
地，我就会攻击你。你
只要动一下念头就会让我
勃然大怒！

噗！

噗！

我笨手笨脚的，
会把你最珍贵的瓷器
摔得粉碎。那是你最
心爱的杯子吗？
抱歉，被我压碎了。

我的脾气坏透了，
我会无端地攻击你，
没有什么理由。
你有麻烦了，伙计！

我讨厌红色，只要看一眼红色，我就会发起攻击！你穿了一件红色的上衣？进攻——
我的头上长着巨大的尖牛角，你要当心！
我的鼻孔总往外喷热气，我就是这么生气！

真是胡扯！

是的，我的确身材魁梧，
但我是爱干净的动物，
而且我压根儿没那么爱生气！

真抱歉，我的屁有点儿多。
没办法，我就是容易胀气！
也许你可以待在我的上风口。

看看我漂亮的大眼睛
和甜美的微笑吧！我
真的很可爱。

其实我不笨拙。就我们这种大
型动物来说，我可以算身轻如燕了！
如果你抽空来喝杯茶，我保证
绝不会用大蹄子踩碎你的茶杯。

我一点儿也不好斗。
我发怒只是为了保护自己。

我们是群居动物，所以，如果被单独留在田地里，
我们会感到紧张和危险，脾气就会变得暴躁。
但通常，我们是很温顺的。

真相：

* 公牛是高大威猛的雄牛，是用来育种的。

* 公牛是食草动物，它们有4个胃室！胃能帮助它们研磨和消化特别坚硬的草叶或其他植物。

* 公牛和奶牛每天能吃掉很多的食物，喝掉大量的水！难怪它们如此高大魁梧。

* 公牛和奶牛花费大量的时间做同一件事——反刍！它们每次反刍要咀嚼大约50次，每天咀嚼可达8小时。

噗！

牛粪最棒！
我的便便是粪肥，
它能帮助花儿生长。
说我讨厌红色？真是胡扯。
我压根儿看不见红色，
因为我是色盲！
呼！

我是黄鼠狼

我鬼鬼祟祟、偷偷摸摸、
阴险狡猾、诡计多端，
但最重要的是，我是一只
可怕的小家伙！
我来无影去无踪，
就算有时候你看到了我，
我也是一闪而过，
速度比闪电还快！
如果你靠得太近，
我会咬住你再也
不松口。

我个头儿不大，
但我很凶猛！
我喜欢偷占别人的
窝。为什么？因为
我是坏蛋呀！
我无时无刻不在
猎食——即使我不饿！
我喜欢“跳大神”，
吓唬我的猎物。
请叫我黄大仙！
我的尾巴乱蓬蓬的，
我的屁臭气熏天！

别傻了！

我是一只无比聪明的小乖乖，我有一张无比可爱的小脸蛋儿！

我很擅长挖洞。

我承认，在捕猎这件事上我是有点儿过火。但那也只是因为我太拿手了！

我只有被吓坏了或感到威胁时才咬人。当我害怕时，只会朝你放个臭屁。我得保护自己！所以别怕我，好吗？

有时会发生食物短缺的情况，所以我即使不饿，也会猎捕食物，把它们储存起来，以备不时之需。我的新陈代谢和心跳非常快，所以我需要吃大量的食物以补充能量。

有时我会蹦个迪，只是为了取乐！
看到我的迪斯科舞步了吗？

随着季节的变化，我们鼬类中有些成员的皮毛会变色！我在冬天变成了白色，这样有利于在白雪中伪装自己。我漂亮吗？

等等，一群黄鼠狼为什么是一团乱？

真相：

* 有些鼬类在冬天会变成白色，也就是我们所说的“白鼬”。

* 一群黄鼠狼有时被称为“一团乱”。这也许是因为它们行动迅速，还会做出奇怪的动作，使人眼花！

* 黄鼠狼是了不起的猎手，经常捕食比自己体型大很多的猎物。它们的腿又粗又短，但脖子很长，因此能一边咬住大型猎物，一边快速前进。

* 黄鼠狼和白鼬长得很像，主要区别是白鼬的尾巴尖儿上有一簇黑毛。

谁说我的尾巴乱蓬蓬的？我想你会发现，它其实是个可爱的结尾。

我是鳄鱼
我是恐怖大蜥蜴！
我敢保证，你从没见过像我
这样的血盆大口。
我是一只巨大无比
的怪兽，危险至极！

我的背上布满粗糙的刺突，
我还有一条巨大的尾巴，
我喜欢把它甩得高高的。
我是一台切碎机，
我见什么吃什么。
等你靠近了，我会突然从
水里跳出来，用我布满
尖牙的血盆大口咬住你！
我是伏击猎物的行家，
我总是潜伏在浅滩，静静地
等待，用我惺忪的睡眼盯着你。
时时刻刻。

咳，拜托！

我只是一只帅气的“大蜥蜴”！
老兄，你用过牙线吗？

我不是只惦记着吃，
有时我会让小鸟帮我清洁牙齿。
谢谢你，鸟伙计，
现在我的牙齿又闪闪发光了。

鳄鱼最帅！

真相：

* 鳄鱼被称作“活化石”。它们最早出现于2亿多年前。湾鳄是世界上现存体型最大的爬行动物。

* 鳄鱼牙齿不是用来咀嚼的。鳄鱼会通过吞食石块帮助消化，牙齿只是用来咬住和撕碎猎物……疼！

* 鳄鱼总是张着嘴，并不是因为生气，它们只是在让水汽蒸发。它们就是这样散热的。

* 有些鳄鱼睡觉时的确会睁着一只眼睛！这叫作“单半球睡眠”，也就是说，它们的另一半大脑仍然对危险（或送上门的猎物）保持警醒……

我喜欢晒太阳。我的背上有一层骨质鳞片，它们能帮助我防止体内水分过度散失；还有一个好处，它们让我看起来特别帅气！
我的确经常待在浅滩，寻找我的美餐。但你只要远离我的狩猎区，你就永远不会被我的尖牙利齿咬到。
我的嘴是有点儿大，但那是因为我是顶级掠食者！你应该尊敬我，而不是怕我。
身处食物链顶端，我们鳄鱼具有极强的攻击性。但我们的表弟短吻鳄就心平气和多了。
嗨，你好！你可以叫我小短。

我是鸽子
我是一种脏兮兮的飞行动物，总是呼啦呼啦地拍打翅膀，我寄生在城镇或者大城市里。
巧克力
我最常出没的地方是垃圾桶。啊，我喜欢这股酸臭味儿。
我们喜欢垃圾食品，我们总是在垃圾堆里啄来啄去！

我最大的爱好就是
往你头上拉屎！
我们会围着你转，骚扰你，
尤其是当你手里有零食的
时候。我能吃点儿吗？
能吗？能吗？能吗？
污水
我们的身体携带疾病，
我们会故意在你跟前
拍打翅膀。
假如你喂了一只鸽子，
就会有成百上千只
鸽子一窝蜂地从
天空中落下来。
满大街都是我带来的
污泥，到处都是我的
粪便！

这太不公平了！

人们喜爱白鸽，可我也是鸽子呀。
凭什么我就招人烦？
我和白鸽一样美。

我们不会骚扰你，但我们可能会看着你吃东西。你的食物看起来太诱人了。你的三明治快吃完了吗？

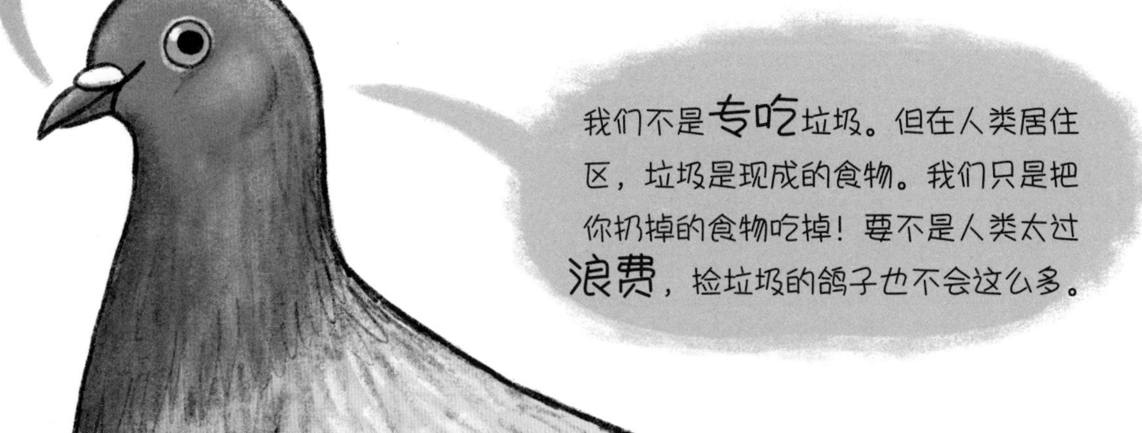

我们不是专吃垃圾。但在人类居住区，垃圾是现成的食物。我们只是把你扔掉的食物吃掉！要不是人类太过浪费，捡垃圾的鸽子也不会这么多。

看看我漂亮的羽毛！

再瞧瞧我粉嫩可爱的脚趾！

我可不是随便走走，我是昂首阔步！就算你不喜欢我，也会被我潇洒的步伐迷住。

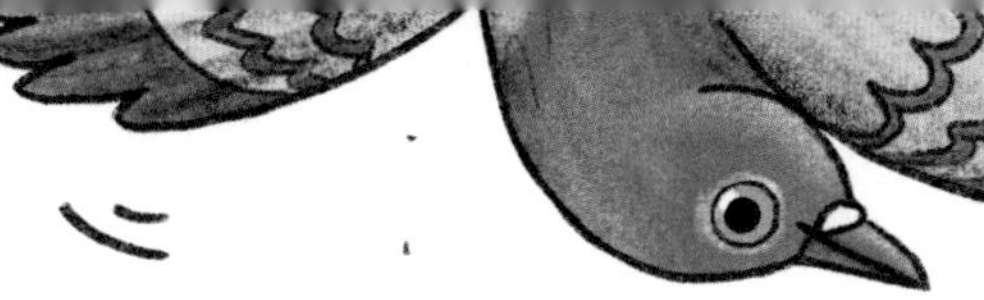

有人说鸟屎落到头上会走运！
所以，嗯……别客气。
不过你最好洗个澡。

我才不是寄生在城镇或者大城市里！
我只是碰巧住在那儿——就像你一样！
我们鸽子种类繁多，栖息地
也各不相同，包括峭壁、森林等。

我是个出色的
邮递员！

真相：

* 地球上有300多种鸠鸽科的鸟类，它们遍布世界各地。它们不喜欢沙漠，你会在雨林、温带和热带草原、红树林沼泽和岩石山区见到它们的踪影。

* 信鸽有极敏锐的方向感。在第一次和第二次世界大战期间，它们帮人类来回传递许多重要信件。它们是英雄！

* 鸽子的听力也很出色，它们能听到人类听不到的低频段声音。

我不会携带病菌，但我的粪便会，尤其是粪便太多的话。不过，有谁的粪便是干干净净的？

我是骆驼

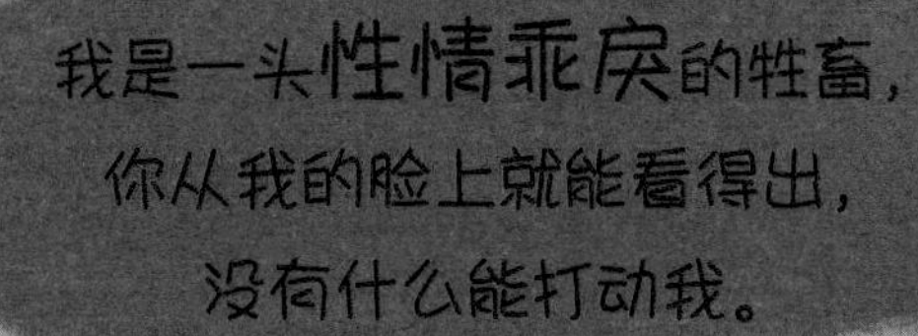

我是一头性情乖戾的牲畜，
你从我的脸上就能看得出，
没有什么能打动我。

我的背起伏不平，有山峰
一样的隆起，背上覆盖着脏
兮兮、乱糟糟的毛发。骑到
我的背上试试吧，你将踏上
一生中最颠簸的旅程。

我总是不停地哼唧，
嘟嘟囔囔，嘟嘟囔囔……

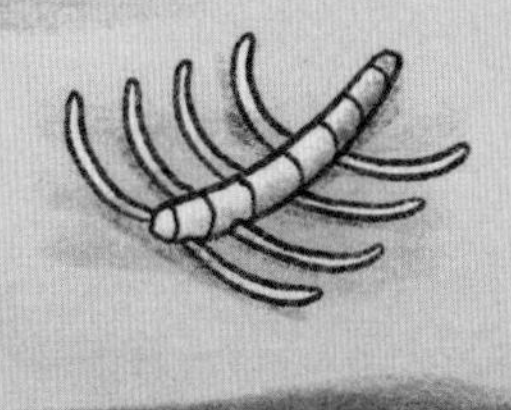

我背上那个独特的驼峰是用来
储存水的，显而易见，这样我就
能整天练习吐口水了，
而不用时不时地停下来喝水。

我奇臭无比，
我为此感到骄傲。

我整天嚼东西，
在人前总是摆着一副臭脸。
你吐口水的坏习惯让
我很失望，骆驼。
我生活在炙热的沙漠里，
整天被太阳暴晒。
如果让你忍受这种酷热，
你也会吐口水的。
我得走了。我
看到前面有块地，
我还没在那儿
吐过口水呢。

你在开玩笑吗？

我是爱哼唧，爱嘟囔，
但我保证，我的心肠是好的。
人类总是派我做苦力活儿，公平地说，
我全都干了。但我保留抱怨的权利，
我就是要抱怨！

你也想拥有我的
同款长睫毛吧？

其实我对一些东西很感
兴趣，只是我的面部
表情无法表达。不过，
你要知道，只要给我点儿
好吃的，我就会高兴得
跳起来！嗯，真好吃！

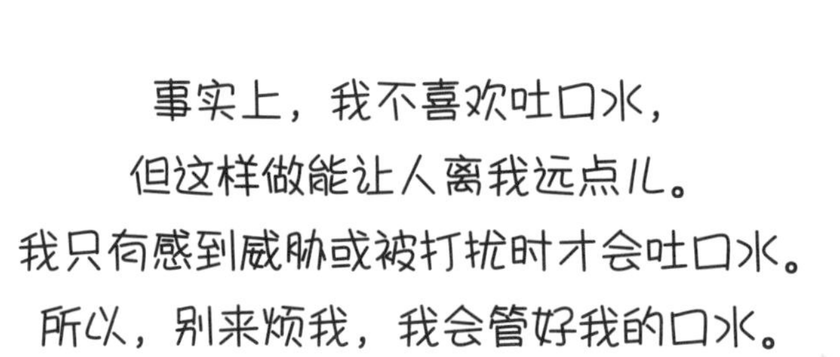

事实上，我不喜欢吐口水，
但这样做能让人离我远点儿。
我只有感到威胁或被打扰时才会吐口水。
所以，别来烦我，我会管好我的口水。

我可能有点儿臭，但很
奇怪，我不怎么出汗！

在沙漠里觅食太难了，所以，我的驼峰里装的不是水，而是脂肪，这样，当我找不到好吃的灌木和仙人掌时，就消耗驼峰里储存的能量。

我们骆驼大多生活在沙漠中，我们完全适应了炎热的气候，我们一点儿也不怕热！太阳是我们的朋友。

真相：

* 世界上有两种骆驼：单峰驼只有一个驼峰，双峰驼有两个驼峰。

* 骆驼能完全适应炎热多沙的沙漠生活。它们的脚掌又大又宽，行走时不会陷进沙子里。它们长着华丽的长睫毛，能防止沙子进入眼睛。它们的鼻孔在必要时能闭合，阻挡风沙。

* 在沙漠地带，骆驼是如此强壮可靠，因此赢得了“沙漠之舟”的美称。

各位请上船，“沙漠之舟”要起航了！

我是蝎子

我就像噩梦里出现的那些东西，
但当你醒来，我依然在那里。

我有8条躁动的腿，
还有一对可怕的大螯。
我在沙漠里爬来爬去，
碰见谁就用螯夹谁，
用毒刺蜇谁！

没有谁能杀死我，我有剧毒。
来吧，看看我的样子！我显然有毒！

我生平最大的爱好就是
钻裤腿，然后夹你的屁股！
尾巴是我身上最可怕的部分。
我的尾巴尖上有一根钩状毒刺，
蜇你一下会叫你痛不欲生！
如果你不介意的话，我要
蜇人了。我这样做只是为了打发
时间，我就是这么可怕。

拜托！我没那么坏！

实际上，我想告诉你我很可爱。
是的，你没听错，可爱。

我不是不死的蝎子精，只不过我的生存能力极强！我不用总吃东西。我还有盔甲，它能在恶劣的环境中保护我。事实上，我的生命非常短暂，我们在野外只能存活6年左右。所以失陪了，我要撒开腿跑一跑了！

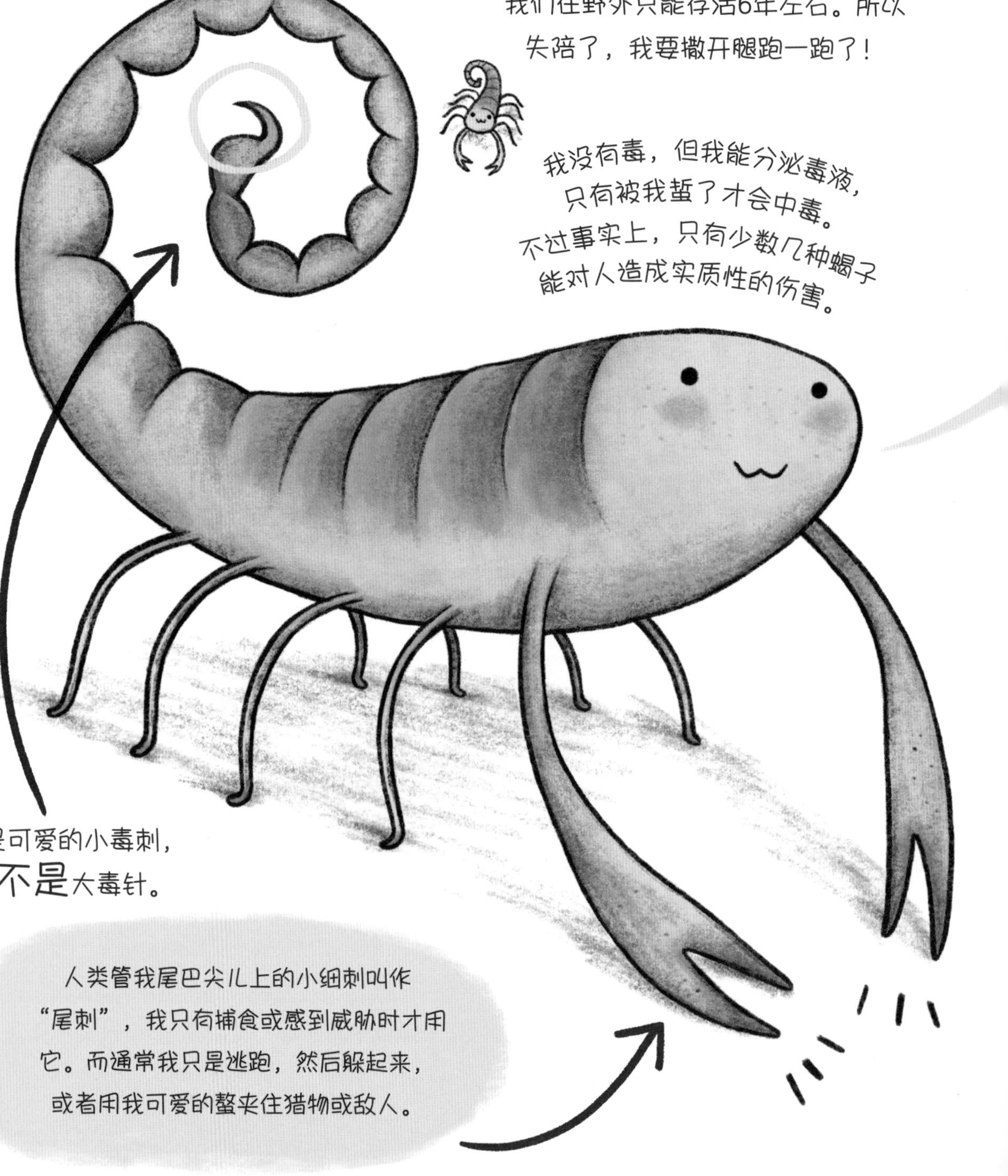

我没有毒，但我能分泌毒液，只有被我蜇了才会中毒。不过事实上，只有少数几种蝎子能对人造成实质性的伤害。

是可爱的小毒刺，
不是大毒针。

人类管我尾巴尖儿上的小细刺叫作“尾刺”，我只有捕食或感到威胁时才用它。而通常我只是逃跑，然后躲起来，或者用我可爱的螯夹住猎物或敌人。

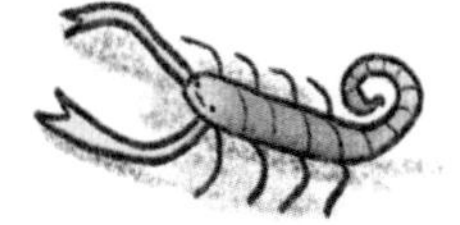

真相：

* 世界上有大约2000种蝎子，每一种都很迷人。它们的体型差异很大——最大的身长可达20厘米，最小的身长只有大约1厘米。哇！

* 蝎子是夜行性动物，它们通常在夜间出没。有些种类几乎一生都在地下的洞穴里度过！

* 在某些情况下，蝎子即使一年不吃东西也不会饿死，真是难以置信！食物短缺时，它们会减缓新陈代谢的速度。

* 蝎子在生长发育的过程中会蜕皮，在长到成虫尺寸之前蜕皮多达6次。每一次蜕皮后的数小时内，它们会比较脆弱，因为新皮肤起初是柔软娇嫩的，要一点儿一点儿变硬。

我的宝宝叫“幼蝎”，我敢说这是最可爱的词。

其实我长得很大气，如果你能仔细看看我，花点儿时间了解我，就不会对我妄加评判了。我能完美地适应我的栖息地，由于体内有可以发光的物质，我还能在**紫外线**的照射下发光。

我们是大坏鸟

我是长着羽毛的小恶魔，生来就是为了吓唬你。
我是乌鸦，我总是出现在最阴森恐怖的地方。
休想用一个可怜的稻草人吓跑我！
呱！
在英文中，一群乌鸦被称为“一群谋杀者”。还需要我多说吗？

我是喜鹊。当你从我身边
经过时，我会像炸弹一样
俯冲下来，攻击你的脑袋！

我是渡鸦，我有最恐怖的叫声和
最犀利的眼神，保证把你吓破胆。

可以说，我们总是
坏兆头的象征！

别这么迷信！

我们是最酷的鸟……

稻草人吓不倒我，是因为我绝顶聪明，而不是因为我坏！农民怕我们偷吃粮食，可我们也要吃饭呀，而且，有时他们种的庄稼实在太美味了，不容错过。

真相：

* 乌鸦、喜鹊和渡鸦是聪明的鸦科鸟类中的几种，鸦科鸟类有近120种。

* 鸦科鸟类很顽皮，它们用小聪明和出色的模仿技能和同伴交流或玩游戏，有时甚至会捉弄人！

* 它们重视家庭，生性敏感。科学家甚至发现，它们记得人类的善举。曾有鸦科鸟类给喂养过它的人赠送礼物。

我知道这听起来很吓人，
但“一群谋杀者”这个名字
也是你们人类自己取的，
到底是谁吓人？

我一点儿也不可怕，我长得多好看！看看我的羽毛，如丝般光滑！
只有当我有了宝宝，而你又太靠近我的巢时，我才会攻击你。我只是为了保护我亲爱的孩子们，就是这样！
你知道吗？渡鸦能学人说话，比一些鹦鹉说得还要好。要我说，这太酷了！
谢谢妈妈！

我是虎鲸
我被称为杀人鲸，
这可不是浪得虚名！
我是个脾气暴躁、体型
硕大无朋的恶霸！
我有一口大尖牙，我和我的同伴们
有时被称为“海洋之狼”。嗷！

我大到足以掀翻你的船，
我们还会集体发起攻击，
保证让你沉船！
兄弟们，动手吧！
我的背部是黑色的，腹部是白色的，
这样我就能隐藏在浑水中。当我靠近
你时，你根本无从察觉，等你看到我
已经晚了。请叫我伪装大师。
所有海洋生物都对我敬而远之，
因为我让它们闻风丧胆。
嗷！

等等！
大错特错！

杀人鲸不是我的真名！我的真名叫虎鲸，
我甚至连鲸鱼都不是！我是一种海豚。

我不是什么恶霸，也没有暴脾气！我的皮肤多么光滑，我的微笑多么甜美！你怎么会害怕我这张脸呢？
我们的确会集体猎食，但这没什么可怕的——这是件高兴的事！这需要高超的智慧和巧妙的沟通，说明我们聪明极了。

虎鲸宝宝就像爸爸妈妈的迷你版。虎鲸家族的成员亲密无间，它们团结在一起，共同陪伴幼鲸成长。

我很挑食，人类不是我的家常菜！不过，我对海象沙拉倒是很有兴趣……

别把我们养在水池里，我们太聪明、太庞大了，我们是高贵的生物。我们需要在海里畅游，我们强壮的身体需要自由伸展！

真相：

* 虎鲸已经在我们的蓝色星球上生存了大约1100万年——比人类的历史久远得多！所以，我们真的应该感谢它们与我们分享这颗星球。

* 虎鲸身长可达近10米，是世界上体型最大的海豚科动物。它们还有着与之匹配的巨大的胃口，一天之内就能吃掉大约227千克食物！

* 虎鲸生活在族群中，每个族群有着不同的交流和导航方式。科学家发现，每个鲸群甚至有自己独特的“文化”。

* 虎鲸的食物非常丰富，有海豹、海狮、企鹅、枪乌贼、海龟，还有鲨鱼和鲸鱼！

我是水母

我是一团
摇摇摆摆、
晃晃悠悠的
大麻烦！
想去海里游个泳？我可提醒你，我会来追你的。相信我，我一定会追上你。
你不喜欢游泳？
好吧，那我就爬到沙滩上，等你踩到我，我就——呲！蜇你的脚！毒水母行动结束。

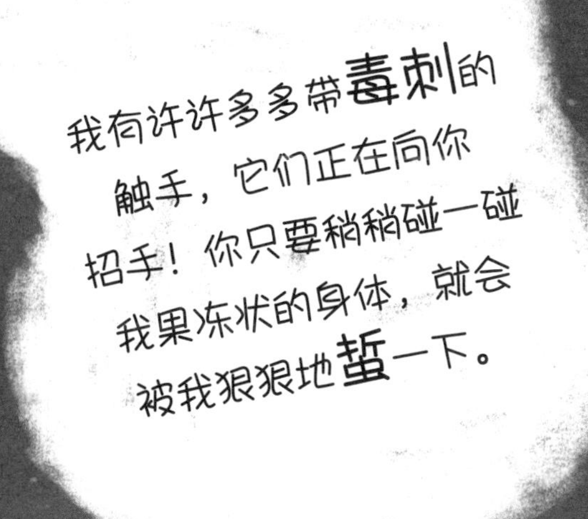

我有许许多多带毒刺的
触手，它们正在向你
招手！你只要稍稍碰一碰
我果冻状的身体，就会
被我狠狠地蜇一下。

如果你被我蜇了，唯一能缓解疼痛的方法就是在你被蜇的部位撒尿。所以，你不光疼，还会很臭。真是祸不单行呀。

我来了！我要毁掉你的海滩假日！

哈，这太可笑了！

真相：

* 世界上大约有1000种水母，这种生物已经在地球上生存了超过5亿年！它们甚至比恐龙出现得还早！

* 有些水母具有生物发光的特性，它们能自己发光！

* 很奇怪，水母没有大脑、心脏和骨骼！

* 由于水母的身体像一只口袋，海龟等以水母为食物的海洋生物会将人类废弃的塑料袋误当成水母吃掉。海洋环境影响着地球上所有的生物，因此保持海洋清洁十分重要。

是的，我总是摇摇摆摆，晃晃悠悠，但我绝对不会去追你。假如我蜇了你，那一定是个意外。别挡住我快乐游泳的路，你就安全了。

往被蜇的部位撒尿是徒劳的，别傻了，伙计。

我是一种超级炫酷、光彩夺目的生物——
像是来自外太空！多了不起啊！
有些水母的毒性的确
是致命的，但并不是
所有的水母都对
人类有致命威胁。
不过安全
起见，你最好
别碰我们！
水母宝宝很小很可爱！
就叫我果冻宝宝吧。
如果你看到沙滩上有一只水母，
那太悲惨了，它已经死了。
但即便这样你也不要碰它，
因为它还是可能蜇你的。

我是屎壳郎

你不知道我有多恶心。我打赌你肯定猜不到我最喜欢的东西是……

便便！

是的，你没听错，便便！

如果喜欢便便还不够恶心，再看看我稀奇古怪的角和不停颤动的翅膀吧。

我喜欢搜集便便，越多越好，我把它们滚成大粪球。

我不光把便便滚成
粪球，我还吃它们。
嗯，好吃。
越臭越香！
人人对我避之不及，
因为我令人作呕。但我
不在乎。只要有便便吃，我
就是一只快乐的小臭虫！

天哪……

我不想恶心你，但我真的吃便便。不过，
我可以向你保证，这事儿也没那么
奇怪——我只是在废物利用。

彼之粪便，吾之蜜糖！
我们屎壳郎善于团队合作。有的
滚粪球，有的在粪球里打洞，
有的直接住在粪堆里。
粪是我们的万能资源。
不要对我独特的品味抱
有偏见，萝卜白菜，各
有所爱；也不要对我的
角和翅膀品头论足，它
们棒极了。我想，它
们让我看起来很时髦！

人们知道，黑猩猩、兔子，还有狗都吃便便，
而我却得了个坏名声，因为除了便便，我什么也不吃！

我要么吃掉粪球，
要么在粪球里面
产卵——不管怎样，
总比浪费的好！

谢谢你帮我
清理，朋友！

别客气，
哥们儿。

我最了不起的
一点是，以我的
个头儿来说，我是
地球上最**强壮**
的动物！

真相：

* 屎壳郎已经在地球上生存了1亿多年。我们知道这一点，是因为科学家们发现了来自那一时期的巨型粪球化石。

* 屎壳郎主要有三种：推粪型、地道型、粪居型。推粪型屎壳郎把粪便滚成球，然后推走粪球；地道型屎壳郎在粪球里钻隧道；粪居型屎壳郎直接住在粪堆里！在沙漠的炎炎烈日下，屎壳郎还会利用粪球降温。沙漠里的沙子被太阳烤得炙热，于是屎壳郎就踩在凉凉的粪球上，这样就不怕被沙子烫脚了。

* 尽管背负了这样一个难听的名字，但屎壳郎并不是眼里只有屎。它们是少数几种会照顾宝宝的昆虫，有的屎壳郎夫妇还会相伴一生！

我是蜈蚣

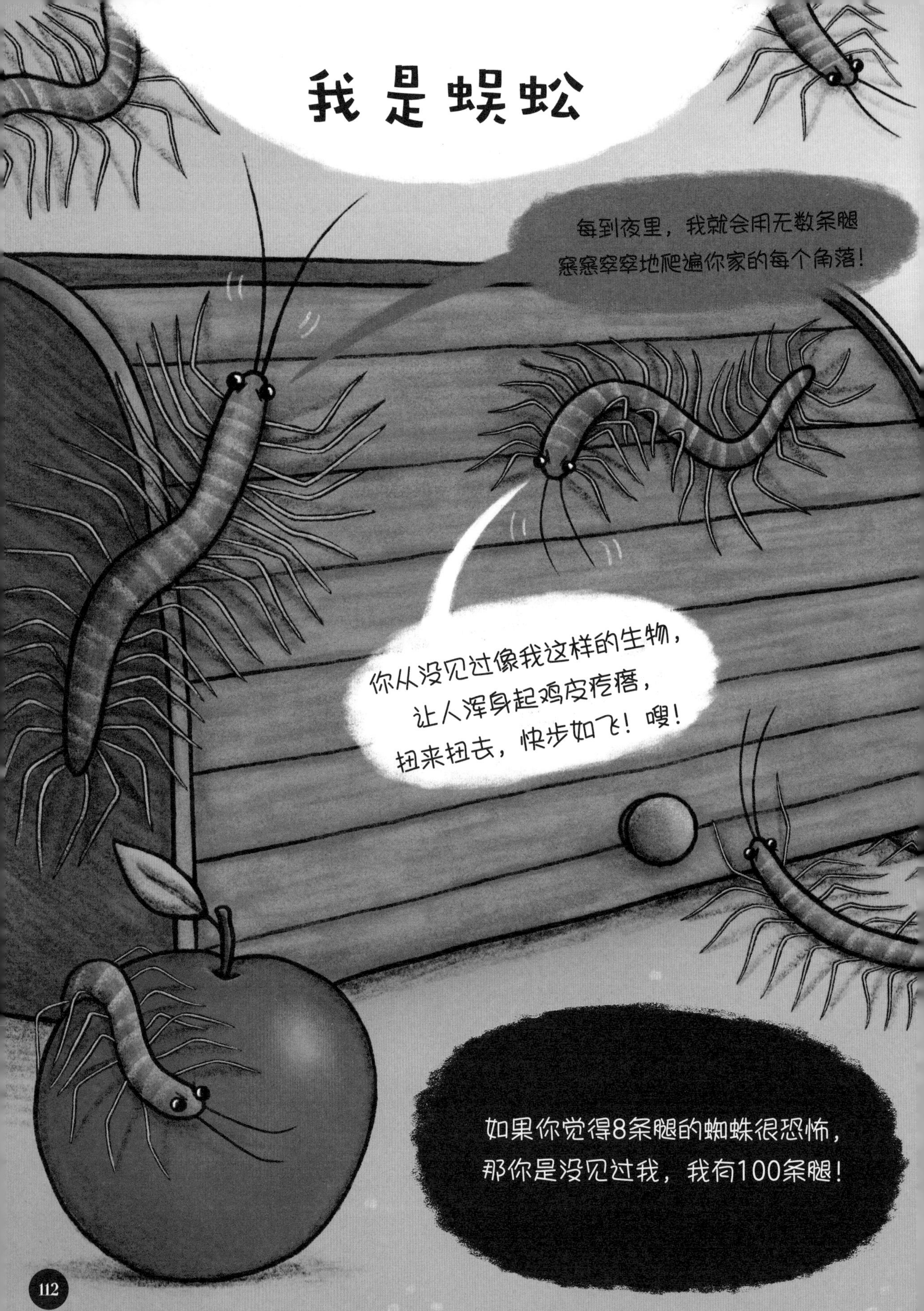

每到夜里，我就会用无数条腿
窸窸窣窣地爬遍你家的每个角落！

你从没见过像我这样的生物，
让人浑身起鸡皮疙瘩，
扭来扭去，快步如飞！嗖！

如果你觉得8条腿的蜘蛛很恐怖，
那你是没见过我，我有100条腿！

我的一大爱好就是趁你睡觉时
找到你的脚趾，一口咬下去！
我是个邋遢的讨厌鬼。
抱歉，我要从你的食物
上爬过去。
如果你不介意的话，
我要到你家的天花板上跑一跑，
那会很恐怖。

太愚蠢了！

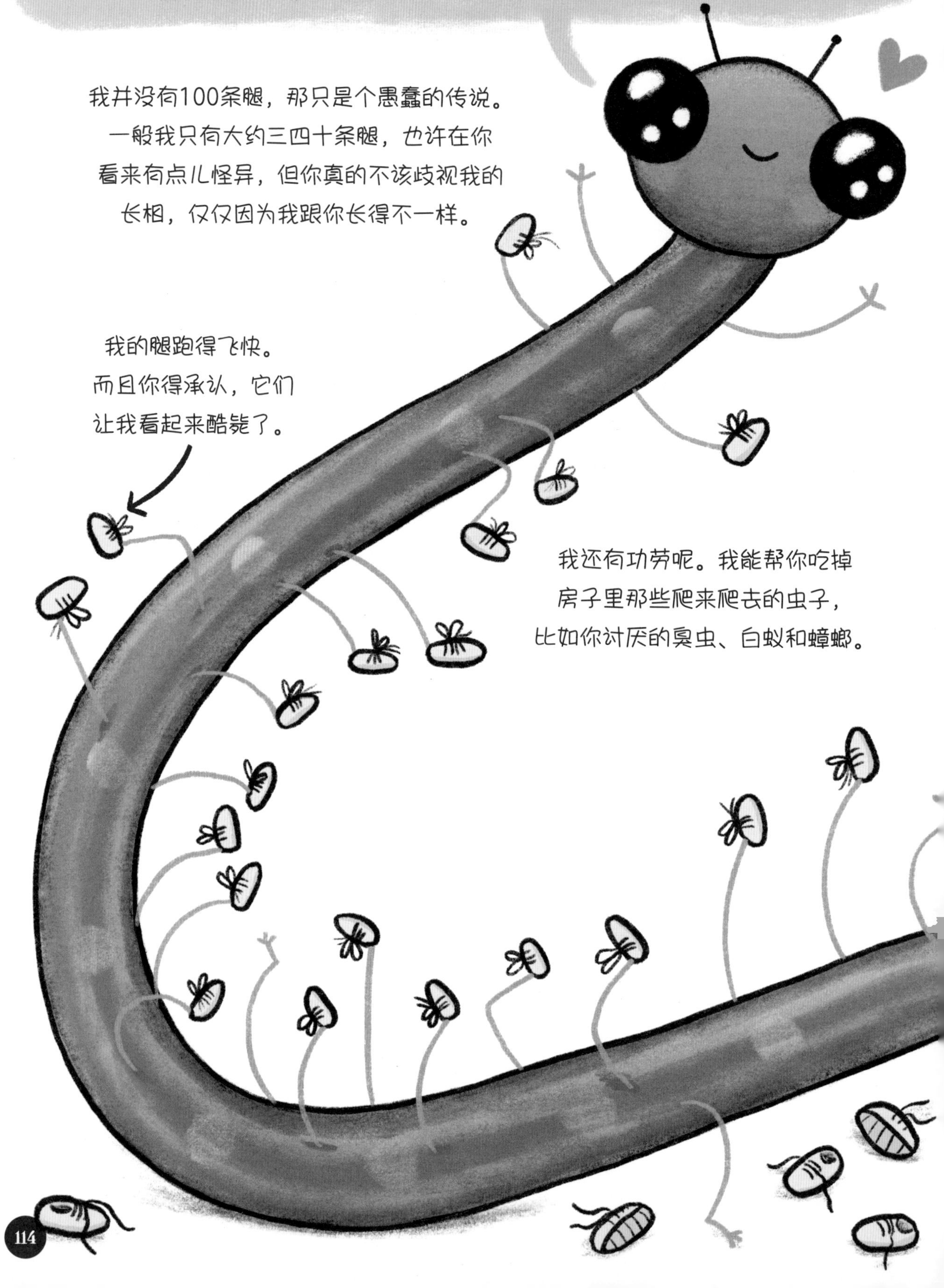
我是你的长腿小朋友，不是你的敌人！
我并没有100条腿，那只是个愚蠢的传说。一般我只有大约三四十条腿，也许在你看来有点儿怪异，但你真的不该歧视我的长相，仅仅因为我跟你长得不一样。
我的腿跑得飞快。而且你得承认，它们让我看起来酷毙了。
我还有功劳呢。我能帮你吃掉房子里那些爬来爬去的虫子，比如你讨厌的臭虫、白蚁和蟑螂。

* 据说世界上有大约8000种蜈蚣。它们是地球上最古老的生物之一，最早出现于大约4.3亿年前!

* 蜈蚣分布在地球的各个角落，遍布热带雨林、森林，甚至炎热干燥的沙漠。

* 蜈蚣是捕食者，它们捕食其他生物。但它们也有天敌，所以格外小心，避免沦为别人的晚餐!

* 虽然蜈蚣被称为“百足虫”，但并没有哪种蜈蚣正好有100条腿！少的有几十条，多的有几百条，不可思议！想想看，那得买多少双鞋呀!

我一点儿也不邋遢!其实，我是一种很爱干净的小虫子，我花大把的时间清洁我那些可爱的腿，确保它们处于最好的状态。

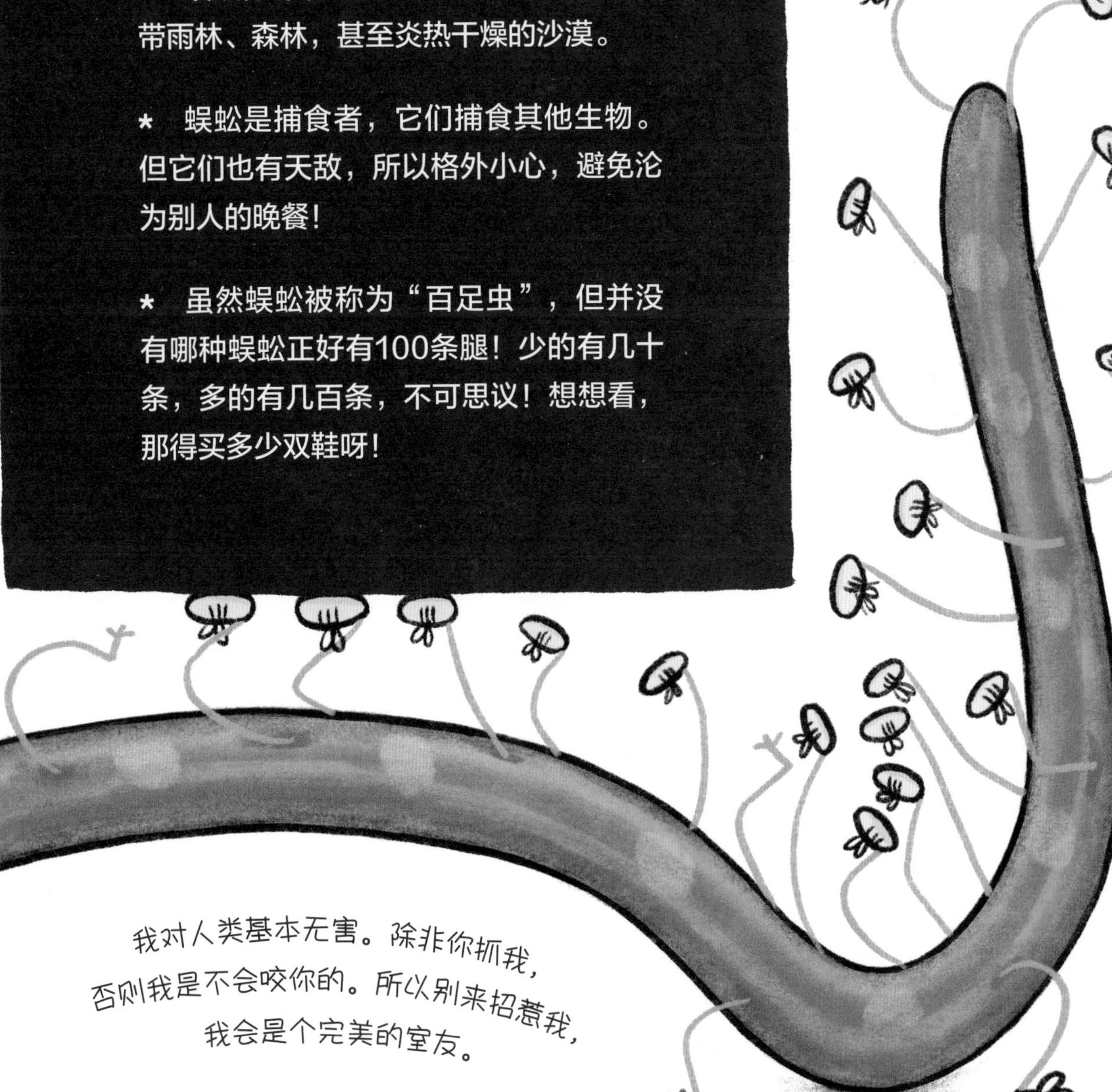

我对人类基本无害。除非你抓我，否则我是不会咬你的。所以别来招惹我，我会是个完美的室友。

我是鼻涕虫

我拖着恶心的黏液，在你的花园里噗哧噗哧地爬来爬去。噗哧噗哧！
我会啃你的花花草草，让它们疼得大哭！因为我是个坏蛋。
我躲在叶子后面，等园丁发现我，准能吓他一跳！噗！
光是想到我就让你头皮发麻。我又丑又恶心，没人喜欢我。

哦，不！
别吃我的叶子！
你要拿起一只花盆吗？
嘭！我就在这里。
你甚至休想把我捡起来。
我太可怕了，又黏又滑，
你根本不敢碰我。
恶心到家了！
我爬过的地方会留下恶心的
黏液，所以你可以看到，
你所有的东西都被我爬过
一遍了。亲爱的，不客气。

黏糊糊的怎么了？
我是一只了不起的软体动物！

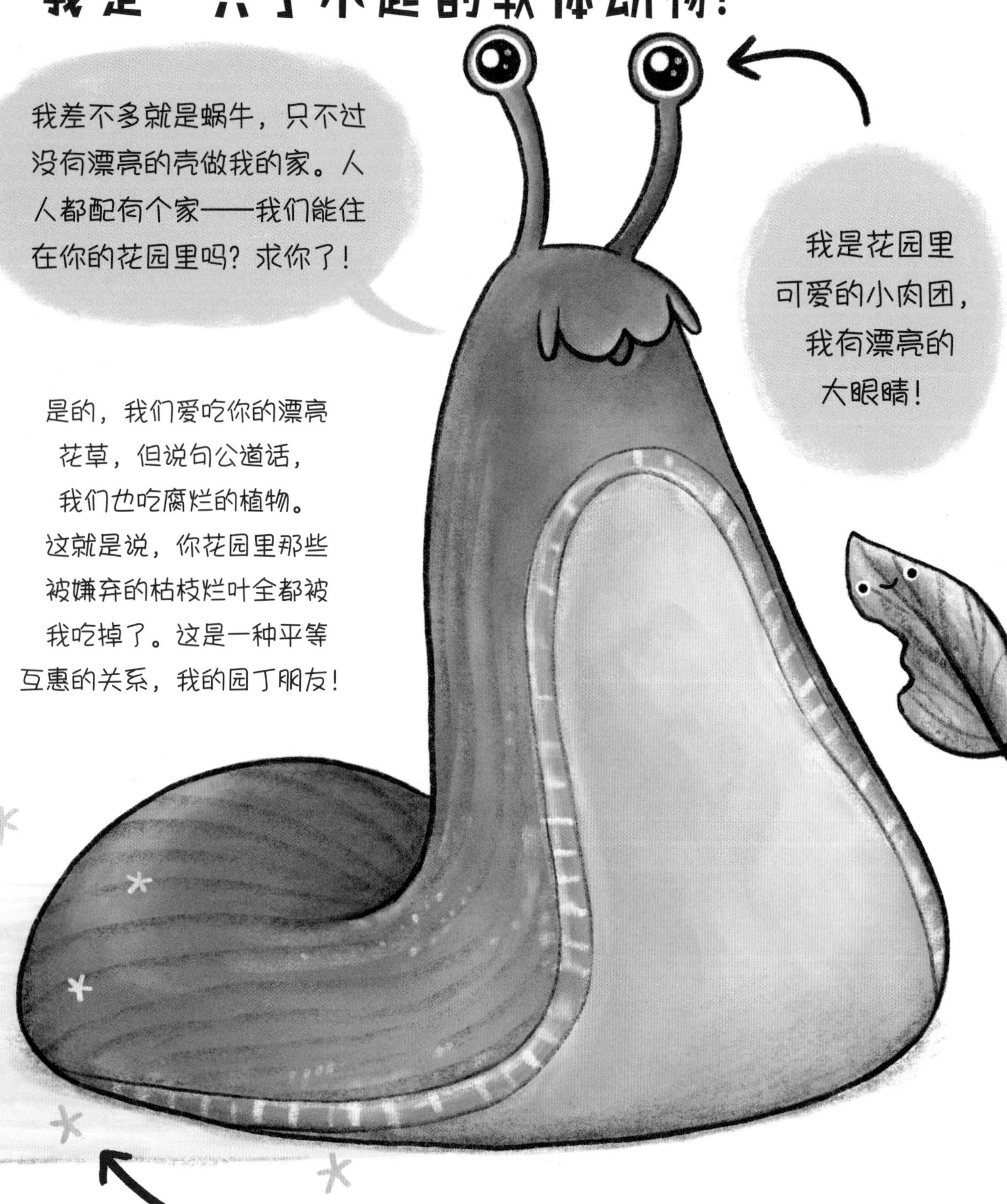

我差不多就是蜗牛，只不过没有漂亮的壳做我的家。人人都配有个家——我们能住在你的花园里吗？求你了！
我是花园里可爱的小肉团，我有漂亮的大眼睛！
是的，我们爱吃你的漂亮花草，但说句公道话，我们也吃腐烂的植物。这就是说，你花园里那些被嫌弃的枯枝烂叶全都被我吃掉了。这是一种平等互惠的关系，我的园丁朋友！

至于那些黏液足迹，我很抱歉，但是假如没有它们，我走起路来就太费劲了。而且，我觉得它们闪闪发光的样子很漂亮！

园丁们必须明白，我们腹足类动物（鼻涕虫和蜗牛）是健康生态系统的一部分，有利于花园的长远发展。首先，刺猬和鸟类就以我们为食。

真相：

* 鼻涕虫嗅觉灵敏，它们用触角感知气味！它们还能循着黏液足迹的气味找到返回洞穴的路，或追随其他鼻涕虫找到好吃的植物。

* 鼻涕虫是杂食动物，它们会吃掉腐烂的叶子，把它们变成粪便排出来！这有利于土壤保持健康。

* 真难以置信，鼻涕虫能伸展至自身正常身长的20倍！这样它们就能吃到小缝隙里的食物了。

假如你肯花点儿时间了解我，你就会发现我真的很迷人。可以说，我就是一个裹着黏液的“行走的肚子”（所以我们叫腹足类动物）。

做伸展运动，
我们是认真的！

我们腹足类成员有各种漂亮的颜色，有一种海蛞蝓长得就像小白兔！

大家好，你们可以
叫我海兔。

我是鮟鱇鱼

我是世界上最丑的鱼，
我潜伏在深邃阴暗的深海中。
这里太黑了，几乎什么也看不见。

等等，那是什么？
竟然有一条扭动着身体的
美味小虫子！
快来吃呀，小鱼宝贝儿！

我有一口参差不齐的大尖牙，
这样更方便咬你！

啊哈！那不是虫子！
是我轻轻颤动的、闪闪发光的
诱饵！你已经乖乖上钩了！
我是狡猾的深海大怪物，
毫无戒备的小傻鱼
就是我的晚餐！
我在这边？我在那边？
当我在黢黑的海水中
追赶你的时候，
你根本看不到我！
我会等着你经过……

等一下！让我把这儿照亮，
给你看个清楚。

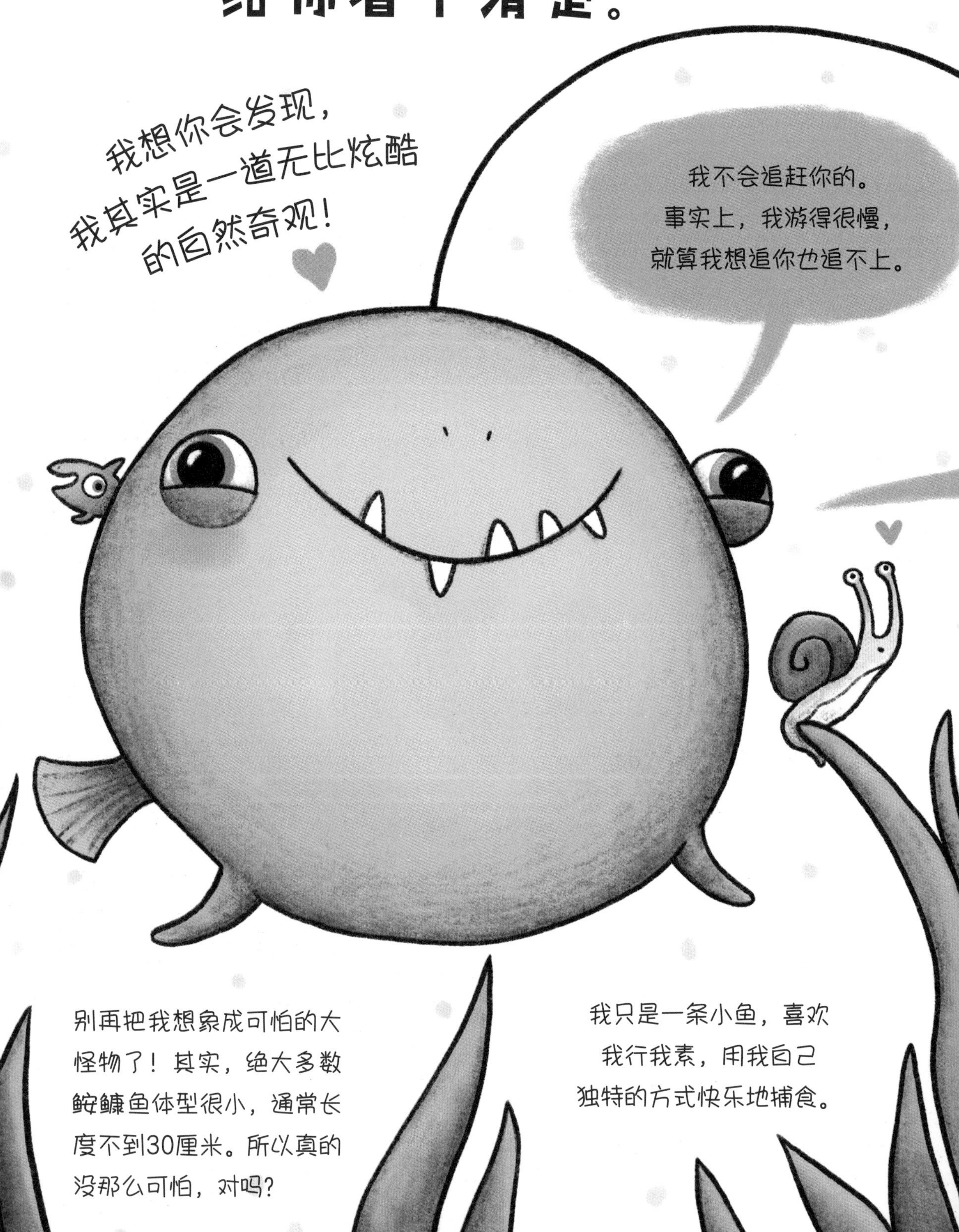

我想你会发现，
我其实是一道无比炫酷
的自然奇观！
我不会追赶你的。
事实上，我游得很慢，
就算我想追你也追不上。

别再把我想象成可怕的大怪物了！其实，绝大多数鮟鱇鱼体型很小，通常长度不到30厘米。所以真的没那么可怕，对吗？

我只是一条小鱼，喜欢我行我素，用我自己独特的方式快乐地捕食。

我是独一无二的，我值得被赞美！

真相：

* 世界上有29种鮟鱇鱼，它们广泛分布于各大洋，个别生活于深海中。

* 只有雌性深海鮟鱇鱼的头上有特殊的发光“诱饵”。事实上，雄性鮟鱇鱼的体型要小得多，人们甚至发现，雄鱼会依附在雌鱼身上，它们倚仗雌鱼捕食。

* 鮟鱇鱼的“诱饵”能发光，是因为内部有腺细胞，能分泌发光素，在光素酶的催化下，与氧进行缓慢的化学反应而发光的。

* 鮟鱇鱼有一张巨大的嘴，能吞食猎物。科学家们发现，鮟鱇鱼能吞下比自己大1倍的猎物！它们真是大胃王！

我自带一根闪闪发光的“鱼饵”，别羡慕我，不是人人都这么新潮。

我不会伤害你的，除非你是美味的鱼虾。你是吗？不是？很好，那我们做朋友吧！

别因为我长得丑就讨厌我——你不知道最重要的是心灵美吗？

我所见过的深海中的奇异景观是你们人类无法想象的。对我好一点儿，说不定我会带你们去找一种你们从没见过的鱼。

我是负鼠

瞧我长得多怪异。
我看起来就像某种
邪恶的布袋木偶！
我会跟你的宠物抢食，
翻遍你的垃圾桶，
住进你的工具棚。
不请自来。
我极其野蛮，
现在就想用我的
尖牙咬你一口。

我动不动就装死，好吓你一跳。
我甚至会散发出恶臭，
嘴角挂着口水，这样更逼真。
我的皮毛又脏又乱，
还布满了臭虫和扁虱！
我有一条可怕的光秃秃的尾巴，
看起来很恶心。我就喜欢这样的尾巴！

大错特错！

我明明是个小甜心！
你怎么会不喜欢我呢？

我的皮毛一点儿也不脏。事实上，它既漂亮又干净。我很会照顾自己，如果有扁虱爬到我身上，我会马上把它清理掉！

如果你把食物留在户外，我**当然**会吃掉它。但我的食性其实对人类很有益，因为我也吃扁虱之类的害虫。所以说，有我住在你的花园里不是坏事。

拜托了，我能留在这里吗？

真相：

* 尽管长得像巨型啮齿动物，但事实上，负鼠是分布于美国和加拿大的有袋类动物。也就是说，它们和老鼠没什么关系，和袋鼠的亲缘关系倒是近得多。

* 负鼠的尾巴适于抓握，所以它们可以把尾巴当成一条手臂来使用。它们靠尾巴倒挂在树枝上，甚至用尾巴抓东西。

* 负鼠是夜行性动物，它们大多在夜间觅食。它们的视力实在是差，所以主要依靠嗅觉寻找食物。

* 负鼠是一种友善的动物，但在受到威胁或遇到紧急情况时，它们也会咆哮或“装死”。大多数动物不吃腐肉，因此会放过它们。负鼠保持装死的姿势甚至能长达4小时左右！

我的尾巴棒极了！
看，它能牢牢地抓住树枝。
瞧啊，我的宝宝们依偎着我，多可爱。你难道不认为它们是最乖的吗？
当我走投无路或受到惊吓时，可能会装死。但我这样做并不是想吓唬你，这只是一种防御机制！
你把我吓死了！
闹着玩儿的！
不是人人都说我可爱，但你总不能光看图画就否定一本书吧。实际上，我是一种非常温柔、非常害羞的动物。

我们是大坏狗
汪！汪！汪！
见鬼，
我能去逛别的公园吗？
我爱打架，
喜欢到处耀武扬威。
我喜欢戴有铆钉的金属项圈，
它们才配得上我彪悍的个性。
我是杜宾犬，我长得有多凶狠，
我的内心就有多恶毒。
我不仅邪恶，还非常易怒！

我是一只阿尔萨斯犬，我戴
着嘴套，因为我觉得这样
看起来更凶狠。嗷！
我们没空儿像普通的狗那样玩耍，
我们捣蛋还来不及呢。抱歉，
失陪了，我们要到处乱叫了。
我是一只斗牛犬，
我要是咬住你就
绝不松口！

朋友，你错怪我们了！

事实上，斗牛犬是训练有素的狗，是人类忠诚的伙伴。

像我们这样的狗太容易被人误解了。我知道我们有时看起来凶巴巴的，但我们真的很可爱，试着了解一下我们吧。

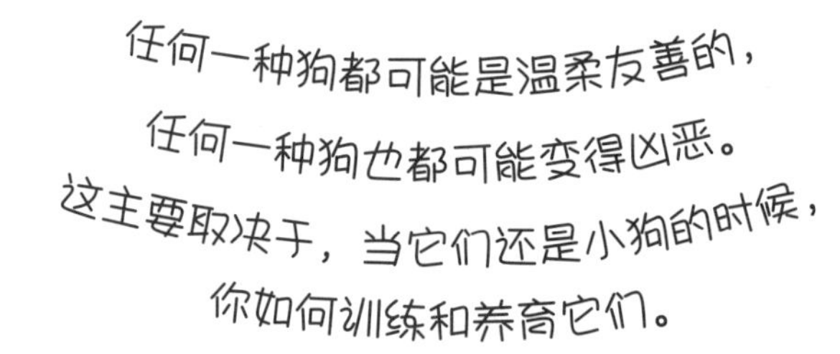

任何一种狗都可能是温柔友善的，
任何一种狗也都可能变得凶恶。
这主要取决于，当它们还是小狗的时候，
你如何训练和养育它们。

如果主人对我们不好，我们就会变成坏狗。但如果主人善待我们，给我们许多爱和关心，我们就会变成乖狗！

这个家伙也可能爱叫爱咬人。
这个家伙也可以温柔惹人爱。

我不喜欢有铆钉的项圈，我喜欢毛绒项圈。
扔球吗？

真相：

* 许多大型犬名声不好，只是因为它们的长相或体型。这些被误解的狗包括斗牛犬、斯塔福斗牛梗、杜宾犬、阿尔萨斯犬、罗威纳犬等。其实，所有这些品种的狗都能成为理想的家庭宠物。

* 阿尔萨斯犬常被用作警犬，它们能协助警察打击犯罪。它们承担着重要的职责，根本无暇顾及人们怎么评论它们！

* 有些狗不喜欢陌生人靠近。所以，请尊重宠物，抚摸它们之前先征得主人的同意。

* 来自糟糕家庭的狗可以接受康复训练——它们只是需要爱。

我是蚯蚓

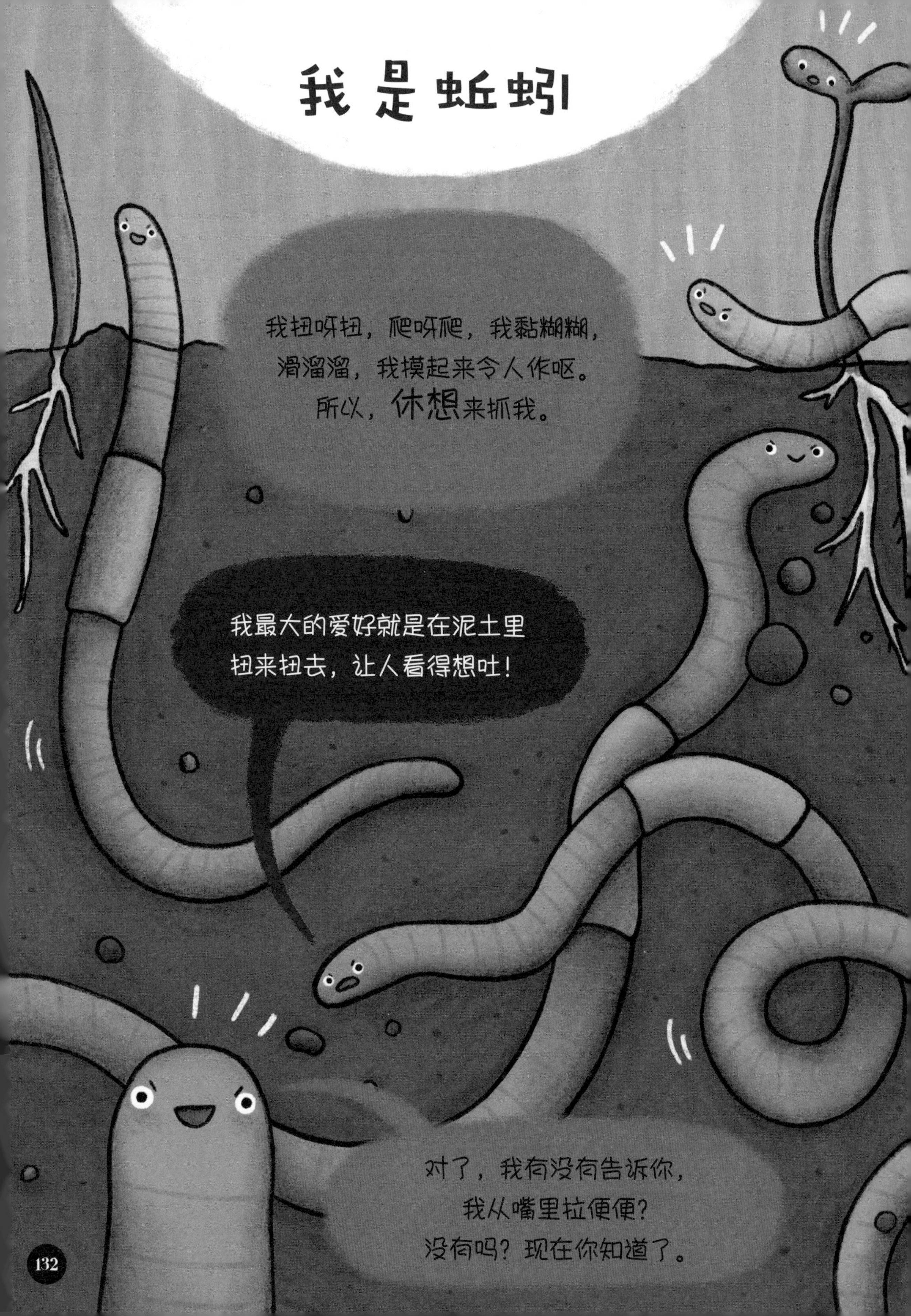

我扭呀扭，爬呀爬，我黏糊糊，
滑溜溜，我摸起来令人作呕。
所以，休想来抓我。
我最大的爱好就是在泥土里
扭来扭去，让人看得想吐！
对了，我有没有告诉你，
我从嘴里拉便便？
没有吗？现在你知道了。

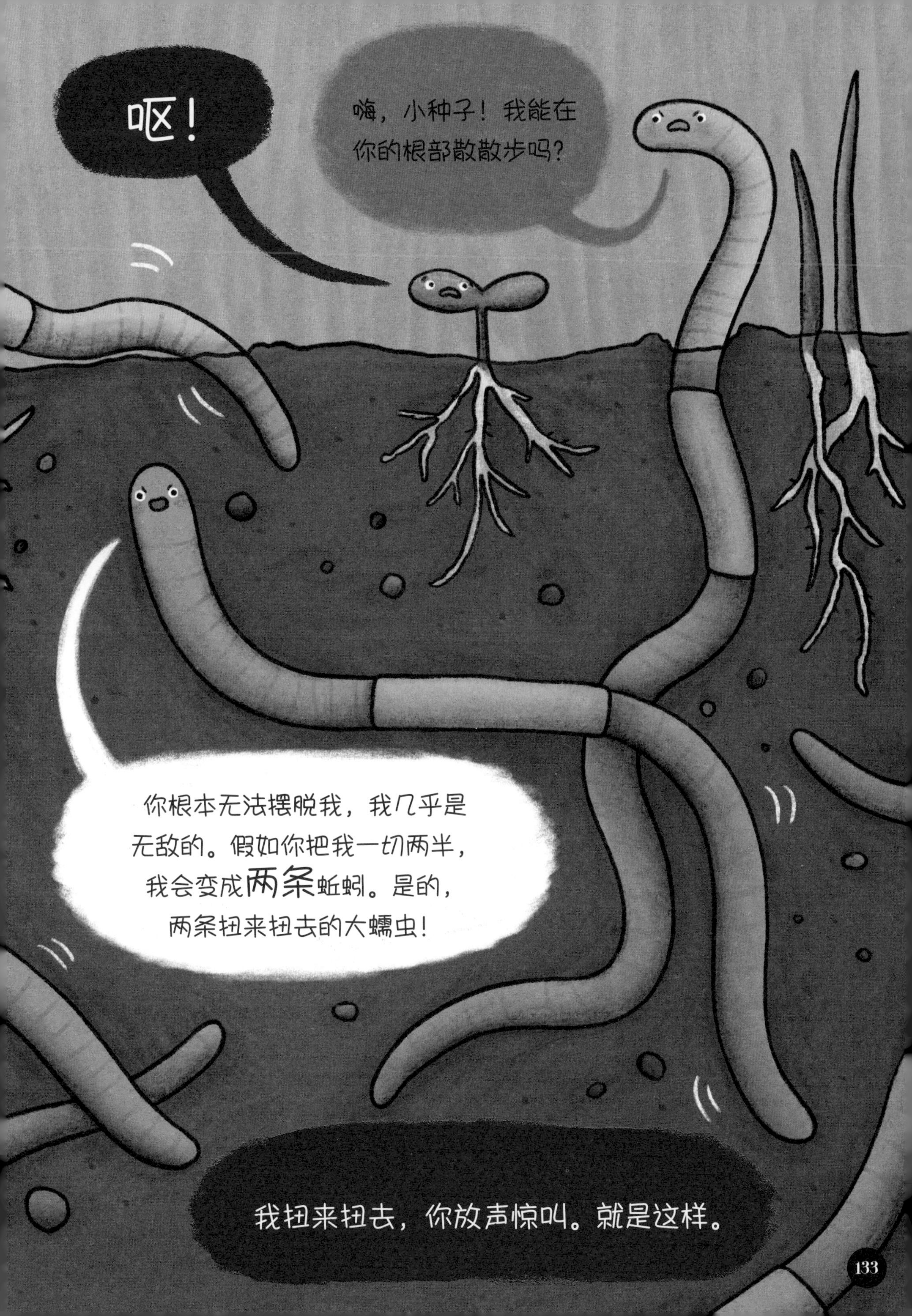
呕！
嗨，小种子！我能在
你的根部散散步吗？
你根本无法摆脱我，我几乎是
无敌的。假如你把我一切两半，
我会变成两条蚯蚓。是的，
两条扭来扭去的大蠕虫！
我扭来扭去，你放声惊叫。就是这样。

你们这些家伙太以貌取人了！

可爱的小动物们爱吃我，
因为我富有营养，鲜美多汁！
这对我是个威胁，但我能帮助世界
保持运转，我愿意奉献！

是的，我整天扭来扭去，到处钻洞，
但这是坏事吗？我喜欢这样！
也许哪天你也可以试试，真的很好玩！

真相：

* 世界上有1800余种蚯蚓，它们遍布除南极洲以外的所有大陆。蚯蚓和恐龙一样古老，它们在大约2亿年前出现！

* 蚯蚓对光极其敏感，如果在阳光下待得太久，它们可能会瘫痪。它们更喜欢幽暗舒适的地下，所以，如果你看到一只蚯蚓暴露在阳光下，一定要救救它，你可以把它挪到草地的阴凉处。

* 蚯蚓有5个“心脏”！

* 澳大利亚有一种最长的蚯蚓——吉普斯兰巨蚯蚓。难以置信，它们的身体伸展时全长可达3米！假如你在自家花园里看到这样一条蚯蚓，你一定没法视而不见。

我是个书虫！
阅读是最酷的。

事实上，我对你的花园极有好处。如果你够幸运，在你的花园土壤里发现了我，那说明你的整个花园都很健康。

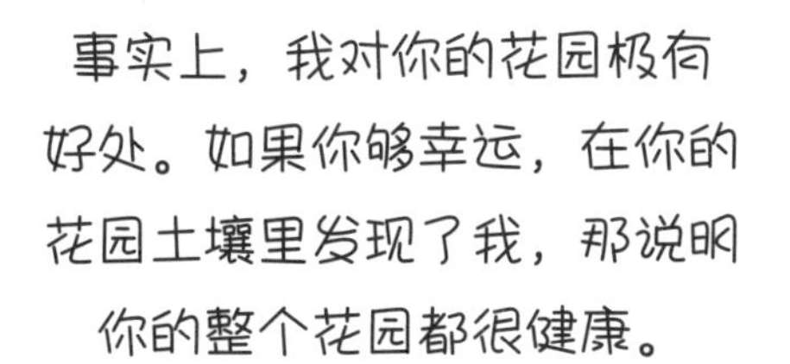

我才不会从嘴里拉便便，太**恶心**了！

如果你把我切成两半，我不会变成两条蚯蚓。说这种话的人太蠢了。所以，求你千万别在家尝试！

我粉粉的，很可爱。
我是一种简单的生物，
但这并不表示我不重要！

不好，一只乌鸦！
我还是快爬吧。

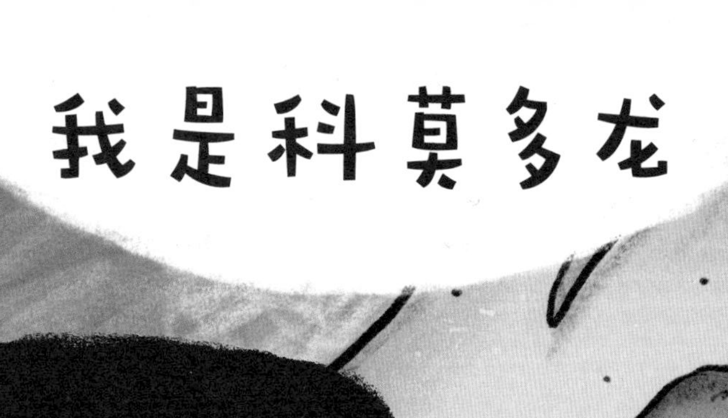

我是科莫多龙

看我的名字你就知道，
我是一只巨大、凶猛、
无比残暴的恶龙！

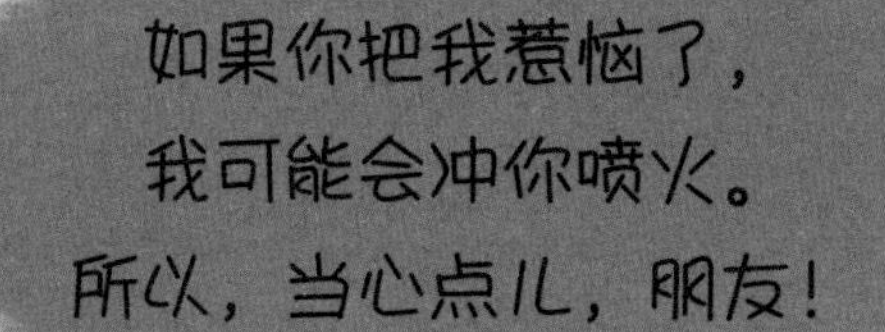

如果你把我惹恼了，
我可能会冲你喷火。
所以，当心点儿，朋友！

我湿答答的口水剧毒无比，
只要一滴，就能熔穿一切东西！

我是一只呆头呆脑、
笨手笨脚的大胖龙。

我是凶残的猎手，凡是从我
跟前经过的都会被我吃掉。
就算你爬上树也休想逃脱，
我会来抓你的！
我的嘴里全是细菌，
很容易杀死你！

各位，我来告诉你们真相吧！

我不是
真的龙。

我的名字里有“龙”字，但不是童话故事里的那种龙。我不能喷火，不会烧毁人们的村庄，我没有可怕的大翅膀，我也绝对绝对不会掳走公主。

我其实是一种蜥蜴，而且相当聪明。哦，别被我惊人的超大体型蒙蔽了，每当需要的时候，我会是一名非常**出色**的短跑选手。

不过，我的嘴里的确有毒，但只有被我咬过才会中毒。

你最好离我的嘴远一点儿。毕竟没有谁是完美的！

哎呀！

我只有小的时
候会爬树，因
为长大后的我
实在太大了。

真相：

* 科莫多龙是世界上最大的蜥蜴，身长可达3米。

* 科莫多龙十分罕见，野生科莫多龙只分布在少数几个岛屿上，比如印度尼西亚的科莫多国家公园和弗洛勒斯岛。

* 人们发现，科莫多龙会和人类玩拔河游戏，它们还对橡皮圈和鞋子感兴趣！

瞧瞧这胖乎乎的
小爪子——多可爱！

我是食肉动物，这表示我喜欢吃肉。
没错，我是个凶猛的捕食者，
但我也经常吃已经死去的动物，这样做能清理环境。

我是猪

我又脏又臭，又懒又胖，我脾气坏，还很贪吃。我就喜欢在泥坑里打滚。

泥坑，泥坑，美好的泥坑！

我最喜欢浑身脏兮兮，沾满烂泥巴。

你有没有听过这句话：
“吃起饭来像猪一样”？
是的，这句话是从我这儿来的，
因为我吃东西狼吞虎咽，
把东西弄得一团糟，没有一点儿
用餐礼仪！呼噜！
还有这么多泥坑
可以滚，来不及了！
我还爱放屁！噗！
我的皮肤总是臭烘烘、
汗淋淋的！

全是谣传!

我压根儿不出汗!

但我也热呀，事实上，
给皮肤抹上泥巴能
起到降温的作用。

真相:

* 人们认为，猪是世界上智力排名第四的动物，它们甚至比猫和狗还聪明!

* 猪妈妈会发出一种特别的尖叫，告诉刚出生的猪宝宝，吃奶时间到了。小猪宝宝会记住这个声音，一听到叫声就奔向妈妈!

* 尽管猪在人们印象中总是脏兮兮的，但事实上，猪是一种最干净的农场动物。它们没有汗腺，喜欢在泥坑里打滚，给它们的身体降温。

* 猪一点儿也不懒！它们总是呼哧呼哧地跑来跑去，一只成年猪1小时内能跑大约18千米!

滚泥坑很有趣!
你没试过吗?
那太遗憾了!

其实我特别爱干净（除了身上沾满泥巴）。我从不在窝边拉屎，总是跑到很远的地方。
我会发出可爱的哼哼声，我的鼻子湿乎乎的，很可爱，我还有卷卷的尾巴！
“吃起饭来像猪一样”，说这句话的人显然是从没见过猪吃饭。我们吃得又慢又仔细。就是这样。
我的脾气一点儿也不坏！我算是世界上最乖的动物了。想要一个抱抱吗？

世界上比小猪宝宝更可爱的东西可不多哟！

我是枪乌贼

我是个身材巨大、灰扑扑、软塌塌的深海大面团！

我会用屁股对着你喷黑墨汁，是的，用我的屁股。就因为我喜欢！

呃，放开我！

我浑身都是触手，腿就更多了，根本用不完！

我体型巨大，大到
令人毛骨悚然。
当那些毫无戒备的
鱼从我身边经过，
我就用可怕的吸盘
抓住它们。
看着我的眼睛。你不敢？
好吧，那我就盯着你，
我巨大无比的眼睛会
使你不安。

你在开玩笑吧！

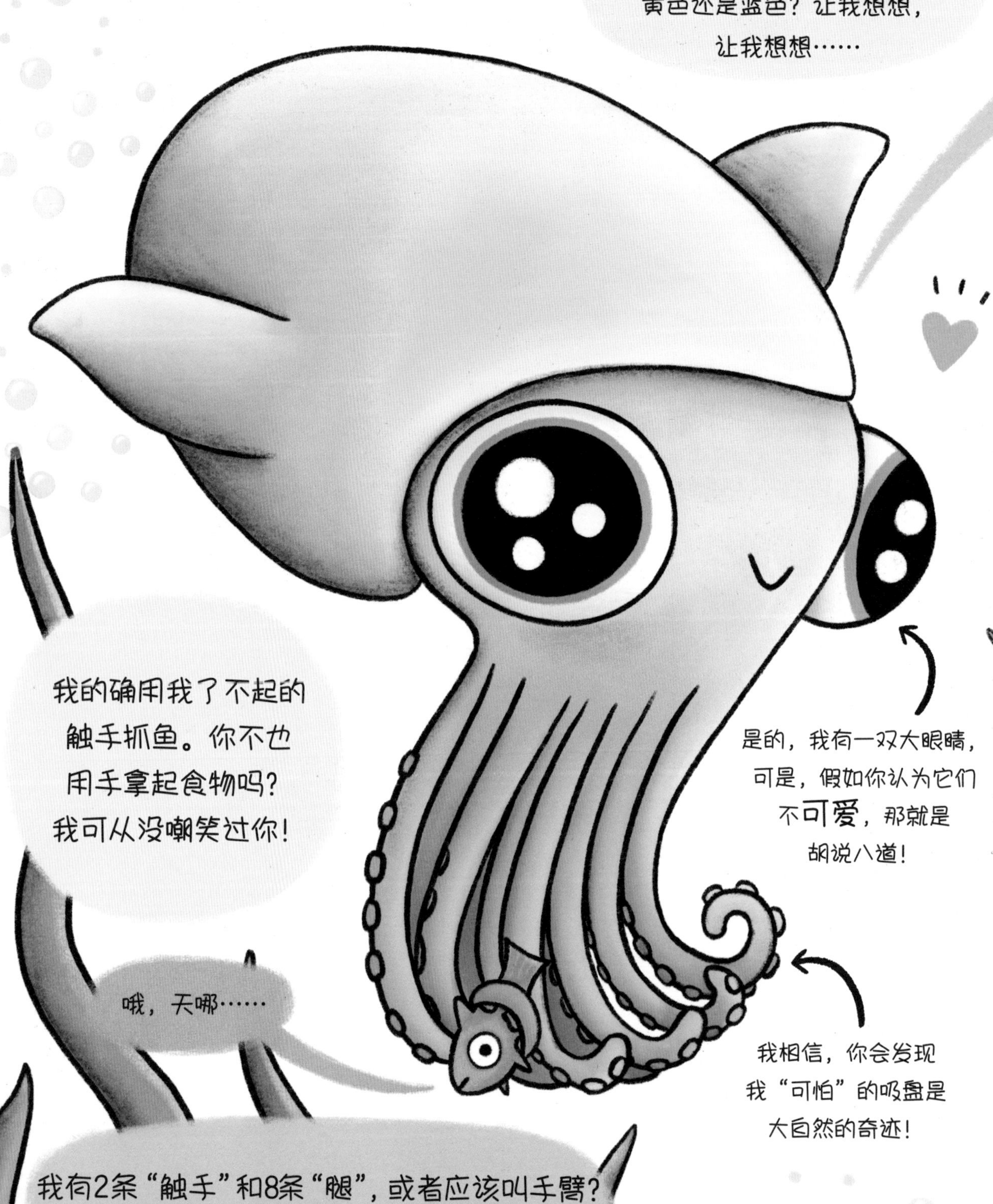

你怎么会认为我不漂亮呢？我是极少数能瞬间变色的动物之一。现在变成什么颜色呢，黄色还是蓝色？让我想想，让我想想……
我的确用我了不起的触手抓鱼。你不也用手拿起食物吗？我可从没嘲笑过你！
是的，我有一双大眼睛，可是，假如你认为它们不可爱，那就是胡说八道！
哦，天哪……
我相信，你会发现我“可怕”的吸盘是大自然的奇迹！
我有2条“触手”和8条“腿”，或者应该叫手臂？管它呢，总之我用它们捕食！

我不会无缘无故地喷墨汁，通常我只是用这种方式来保护自己。它能迷惑敌人，这样我就能趁机逃命了！

真相：

* 人类已知的枪乌贼大约有300种。它们是无脊椎动物（这表示它们没有脊柱），又是软体动物（也就是说，它们是蜗牛的亲戚）。

* 世界上最大、最聪明的无脊椎动物是大王酸浆鱿，它们能长到12米以上，它们的眼睛有篮球那么大，大过任何一种已知动物的眼睛！

* 除了喷射墨汁，枪乌贼还会利用伪装术或艳丽的图案来迷惑捕食者。有些枪乌贼甚至能变成透明的，使自己融入周围的环境中。

嘿，深海表兄！

是的，我是个十足的大块头，可是从什么时候起，“大”成了一件坏事了？要我说，“大”好极了。

我是海鸥

我是海边长羽毛的讨厌鬼，
我盯上你的薯条了。
我会像个怪物一样从天而降，
偷走你的海滨美食。
想在海边美美地打个盹儿吗？
没门儿！我会不停地尖叫，
绝对让你保持清醒。

嘎！
我会瞄准你的脑袋，
往你脑袋上拉便便！
我就是来搞破坏的，
我会抢走你的冰激凌。
我酷爱从
垃圾堆里捡
东西吃！
这里到处都是我可怕
的白色便便，尤其是
你想坐下的地方。

朋友们，我们海鸥真没那么坏！

我不是只吃薯条。我会自己捕鱼，还会吃掉那些被海浪冲上沙滩的小生物。

我们喜欢食物，如果你在海边给我们喂食，就会把我们搞糊涂。我们怎么知道你什么时候不想给我们吃美味零食呢？

所以，是你先犯的错，你真的不该喂我们薯条……它们很美味，但对我们没好处。

我会跳一种美妙的踢踏舞，把泥地里的蠕虫骗出来！那些蠕虫以为下雨了，于是全体钻出来看看是怎么回事。
他刚才说什么？
我想他说的是，他想和我们共进午餐！

真相：

* 海鸥遍布全世界。它们翱翔在繁忙的城市街道、蔚蓝的大海上空，甚至天寒地冻的北极和南极。

* 海鸥是极聪明的鸟，它们想出了许多觅食的办法。比如，它们会跺脚，模拟下雨的声音，把蠕虫骗到地面上来。它们还会把贝壳往岩石上扔，等贝壳摔碎了好吃里面的肉！

把我们扔进垃圾桶吧！

* 海鸥会利用丰富的叫声和动作与同伴沟通，它们还会非常细心地照顾自己的宝宝。

* 与绝大多数动物不同，海鸥喝海水不会生病！它们的鼻孔能过滤掉海水里的盐，然后摇摇头，再把鼻孔里的盐水甩出去。

鸟屎落在头上会走好运！
鸟屎越多你就越幸运
（还是越臭呢？）！

吃垃圾不好玩儿。请不要乱丢垃圾，
这样我们就不会吃了。

我是鳄龟
我总是一副凶巴巴的样子，
我能一口咬断你的手指！
因为我是一只乌龟，
你就认为我慢吞吞的，
等着瞧吧，你会
看到我咬东西有多快！
我咬，我咬！

我的龟壳上沾满了恶心
的、滑溜溜的黏液。
一旦咬住，
我就绝不松口。
我最爱的食物是人！
我喜欢躲在黑不见底的
浑水里，躲在幽暗的洞里，
等你游过来，我就咔嚓
一口咬住你！

简直蠢透了！

我是一只可爱的、害羞的、酷似史前动物的小龟！
我在水里非常怡然自得，但一爬上陆地就会变得脾气暴躁。我只是不喜欢走出我的舒适区！
我不像其他乌龟能把身体完全缩进壳里躲避危险，所以我必须时刻保持警觉。就因为这个，我有时看起来凶巴巴的，抱歉，但我也只是在保护自己。

我是一位眼疾手快的小小捕食者，但我很**重要**，因为我有助于维持动物数量的平衡。

我是个有趣的小伙子！

真相：

* 鳄龟大多数时间待在水里，它们通常栖息在湖泊或池塘中。不过，它们会上岸，在沙质土壤中产卵。

* 鳄龟只能在水下进食，因为在水上不能完成吞咽动作。

* 大鳄龟的舌尖有一条形似蠕虫的诱饵，它不停地蠕动，吸引鱼上钩，等它们游近了就一口咬下去！

* 澳大利亚白喉瘢颈龟有个绰号：用泄殖腔呼吸的龟。它靠泄殖腔获取将近70%的氧气！

我生的蛋又小又圆。瞧啊，它们多可爱！

我是袋獾
人们叫我“塔斯马尼亚恶魔”，
这可不是毫无根据。
我对人类有
致命的危险！
我总是在夜间出来，
尖叫、狂吠、咆哮！

嗷！
嚎呜！
吼！
看见我那恐怖的牙齿了吗？
瞧瞧它们有多尖利！
我什么都吃，从不挑食。
别害羞，干吗不靠近点儿？

拜托，我明明是塔斯马尼亚的小可爱！

我没有一丁点儿像恶魔。

真相：

* 野生袋獾生活在澳大利亚的塔斯马尼亚（真惊讶，真惊讶！）。它们是世界上体型最大（或许也是最棒的）的食肉有袋动物。

* 袋獾妈妈把她的小宝宝装进育儿袋，育儿袋能同时装下4只小袋獾。袋獾宝宝有两个可爱的名字，它们被称为“幼崽儿”或“小恶魔”！

* 受累于一个不公平的名字，袋獾曾经遭到人类的疯狂捕杀。19世纪末，它们差点被人类赶尽杀绝。幸而在1941年，政府颁布了新的法律法规保护它们。

* 每天夜里，袋獾都要长途跋涉去觅食，最远要到16千米外的地方。

我承认，吃东西的时候我容易忘乎所以，但那只是因为我太爱食物了！

我很小但我很有活力。我们小个子动物也要捍卫自己生存的权利——不要对我们指手画脚！

瞧瞧我帅气的小胡子！

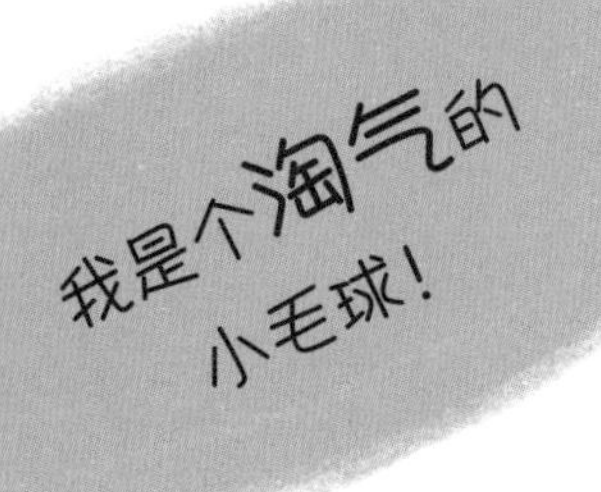

我是个淘气的
小毛球！
我不会吃你的。我可能会咬你，
但那只是出于害怕。所以，
只要你和我保持一点儿距离，
我们就能相处得非常愉快！
我刚出生时
只有米粒
那么大。
换句话说，
我可爱极了！

我的叫声只是在
呼唤同伴。没有
什么可怕的！